科学探索小实验系列丛书

探索天气中的科学

宫春洁　杨春辉　何　欣／编著

吉林人民出版社

图书在版编目(CIP)数据

探索天气中的科学 / 宫春洁, 杨春辉, 何欣编著
. -- 长春 : 吉林人民出版社, 2012.7
（科学探索小实验系列丛书）
ISBN 978-7-206-09166-7

Ⅰ.①探… Ⅱ.①宫… ②杨… ③何… Ⅲ.①天气学
－普及读物 Ⅳ.①P44-49

中国版本图书馆 CIP 数据核字(2012)第 161404 号

探索天气中的科学

TANSUO TIANQI ZHONG DE KEXUE

编　　著：宫春洁　杨春辉　何　欣
责任编辑：周立东　　　　　　封面设计：七　洱
吉林人民出版社出版 发行（长春市人民大街7548号　邮政编码：130022）
印　　刷：北京市一鑫印务有限公司
开　　本：670mm×950mm　　　1/16
印　　张：12　　　　字　　数：138千字
标准书号：978-7-206-09166-7
版　　次：2012年7月第1版　　印　　次：2023年6月第3次印刷
定　　价：38.00元

前　言

主题情节连连看

　　《科学探索小实验系列丛书》中的七个主题范围能够帮助你了解本书的内容。

　　第一个主题"揭开科学神秘的面纱",介绍了科学的本质和科学研究方法中的基本要素,例如:提问题、做假设或进行观察。活动中有许多谜语和具有挑战性的难题。"情景再现"系列由一组科学奥林匹克题组成。

　　第二个主题"探索物质和能的奥秘",介绍了许多基本的科学概念,例如:原子、重力和力。这个主题涉及物理和化学领域的一些知识。"情景再现"系列包含比任何魔术表演都更有趣的科学表演——因为你明白了这些"把戏"的秘密。

　　第三个主题"探索人类的潜能与应用科学",涉及生理学、心理学和社会学等方面的知识。"情景再现"系列则着眼于人类基本的视觉、听觉、触觉、嗅觉和味觉。应用科学讲述的是工艺学和一些运用科学来为我们服务的方法。"情景再现"部分集中研究飞行,也包括几种纸飞机和风筝的设计。

　　第四个主题"探索我们生活的环境",从简单环境意识的训练入手,接着是讲述生态系统的运作原理,最后以广博的"情景再现"系列结束。这一系列讲述了许多我们面临的环境问题,这个系列的一个重要特征是它包括有关判断和决策的各项活动。

　　第五个主题"探索岩石、天体中的科学"，涉及地质学的知识，即对地球内部和外部的研究，简单的分类活动也被列在其中。"情景再现"系列讲的是岩石的采集，包括采集样本、测试和分析。有关天体讲述的是浩瀚宇宙中的地球。活动范围覆盖了天文学和占星术，包括有关月亮、太阳、恒星和其他行星的知识。

　　第六个主题"探索生物中的科学"，运用了比岩石、天体部分更进一步的分类技巧，这是因为对生物进行研究，难度更大。"情景再现"系列讲述了绿色植物、真菌和酵母的培植。研究动物包括哺乳动物、鸟类、昆虫、鱼类、爬行动物和两栖动物。活动的范围从某类动物的特征和适应能力到对不同种类动物的对比。"情景再现"部分集中于对动物的观察。观察的办法是去它们的栖息地或让这些动物走近你，例如：去昆虫动物园。

　　第七个主题"探索天气中的科学"，始于有关空气特性的活动，而后是有关雨、云和小气候的活动。"情景再现"部分讲的是如何建造和使用家用气象站。

阅读与应用宝典

　　《科学探索小实验系列丛书》是一套能够帮助中小学生去探索周围神奇世界的综合图书，书里面收集了大量的需要亲自动手去做的实践活动和实验。

　　《科学探索小实验系列丛书》可以作为一套科学的入门宝典。书中包括许多有趣的活动，效果很好。为了使家长和教师能够更加方便地回答学生们提出来的问题，本书在设计上简明易懂。同时，书中的设计也有利于激发学生们提出问题。

《科学探索小实验系列丛书》以时间为基础分为三个主要部分的原因。"极简热身"是一些短小的活动。这些活动很少或不需要任何材料。许多这类活动可以在很短的时间内完成。极简热身通常就某一主题范围介绍一些基本概念。"复杂运动"需要一定计划和一些简单的材料，完成这种活动至少需要半个小时。复杂运动经常深入地解决重要主题范围内的一些概念。某一特定主题范围内的"情景再现"活动是相辅相成的。这些活动突出此主题范围的一个中心或最终完成一项完整的工程，例如：一个气象站。如果愿意的话，你可以独立完成这些活动。"情景再现"活动需要一定计划和一些简单的材料。

《科学探索小实验系列丛书》囊括了科学研究的所有基本方面，被划分成七个主题范围和四十个话题。如果要集中研究某个特定的主题，那么仔细查阅一下那个主题范围内的所有活动。如果你只是在查找有关某一主题的资料和事实，可以挨页翻看带阴影的方框中的内容。总之，每页的内容都是在前些页内容的基础上形成的。

除了主题之外，《科学探索小实验系列丛书》又被分为四十个话题。这些话题为各主题内部及各主题之间的活动提供了概括性的纽带。活动的话题被列在这个活动中带阴影的方框的底部。与活动联系最为紧密的话题被列在第一位，间接的话题被列在后面。

《科学探索小实验系列丛书》中的主题部分可以帮助教师，使活动适应课程的需要。但是由于本书主要是以时间为基础进行划分的，所以按主题范围划分的重要性就被降低了。而且，由于现实世界并没有被划分成不同的主题范围，所以学生们的兴趣也不可能完全一下子从一个主题范围内一个活动跳跃到另一个主题的活动上去。因此，各种话题可能要比划分出来的主题范围更为重要。重要的原因还在于它们能够鼓励一种真正地探索科学的精神。有时有的活动可能引发出与此活动相关，但是在此活动主题范围以外的问题，也可以把各个话题作为检索《科学探索小实验系列丛书》的一种途径。有时，通过不同途径重复进行同一种活动，会有助于学生全面了解事物。各类话题使你将各种活动看作一个有机整体。各种活动相辅相成，有助于学生加深理解，增长见识，培养兴趣。同时在总体上会使学生对科学持一种积极的态度。

《科学探索小实验系列丛书》在每个篇目中都安排了一个活动，主要是通过在每个实验步骤中出现的各种问题来激励深层次的思考。书中大多数活动都是开放型的，允许有各种可行的、合理的结论。每个活动的开头都有两行导语，接下来是活动所需的材料清单和对活动步骤的详细描述。有关事实与趣闻的小短文遍布全书，里面的内容包括奇妙的事实和可以尝试的趣事。

《科学探索小实验系列丛书》中的活动范围从实物操作、书面猜谜、建筑工程到游戏、比赛和体育活动不等，其中有些活动需要合作完成。有些活动是竞赛，还有一些活动是向自我提出挑战。

研究科学不需要正规的实验室或昂贵的进口材料。对学生来说，这个世界就是一个实验室。人行道是进行一次小型自然徒步旅行的绝妙地方。他们可以在教室的水槽里做有关水的实验，把窗台变成温室或观测天气和空气污染的地方。他们可以用厨房的一个角落来培植霉菌和酵母。

因此，《科学探索小实验系列丛书》中所用到的材料都不贵，而且都很容易就能找到。其中一些材料需要你光顾一下五金或园艺商店，但大多数材料在家里就可以找得到。

有效使用《科学探索小实验系列丛书》的一种方法是制作一个用来装科研材料的箱子。带着这个工具箱和这本书，你就可以随时随地地进行科研活动了。工具箱内应装有在《科学探索小实验系列丛书》中需要的简单材料，如塑料袋或容器、放大镜、纸、铅笔、蜡笔、剪刀、吸管、镜子、绳子、雪糕棍、松紧带、球、硬币、水杯，等等。

《科学探索小实验系列丛书》被设计成一本有趣易懂的书——它从书架上跳下来，喊道："用我吧!"

寄语教师与家长
——提高科学研究的质量需要寓教于乐

教师和家长们一方面一直在寻找激起孩子好奇心的方法，另一方面又在为满足孩子的好奇心而努力地指导他们。"好奇心"不只是想去感知的冲动，而是要去真正理解的强烈愿望。科学研究的目的就是要了解这个世界和我们自己。科学研究中的好奇心是指能够转变成追求真知的好奇心。

罗伯特·弗罗斯特（Robert·Frost）说过，"一首诗应该始于欢乐，终于智慧"。这句话对包括严谨的科学在内的其他创造性思维同样适用。"始于欢乐"，有趣的科学活动充满了吸引力，让人流连忘返。"终于得到智慧"，科学活动也会起到教育的作用。

中小学生是为了成为21世纪高效、多产的合格公民，需要在发展的生活中获得必需的科学认知能力。无论是男女老少，住在城市还是乡村，从事脑力劳动还是体力劳动，科学研究对每个人来说都很重要。正是因为有了科学，我们才发展到今天。科学研究创造了我们享受的舒适，也提出了我们必须解决的问题。明智地使用科研成果能够把世界变得更加美好，而胡乱地利用它们将会导致全球性的灾难。

学习科学要进行智力训练。与其他许多事物一样，人们在幼年时期就必须接受智力训练。如果学生没有学会科学的、系统的思考方法，那么他们长大后就会盲目地接受别人的观点，把科学和迷信混为一谈，轻信武断的决定而不是相信成熟的见解。

与语言、艺术、数学和社会学相比，人们对科学研究的重视程度较低。在许多小学，与科学研究相关的学习时间每周只有几个小时，学生对科研的兴趣降低了，人们对与科研相关学科课程发展的支持也明显减少了。今天，调查感叹科学教育的不足，社会发展对熟练科技人才的需求，计算机的日益普及和严重的全球性的环境问题，使人们看到了社会重新对科学研究产生兴趣的希望。

在某种程度上说，提高"科学认知能力"意味着鼓励更多的中小学生认知科研事业的重要性。现在，科研及其应用比以往任何时候发展得都要快。我们需要更多的科学家、技术人员和工程师在未来的复杂世界中发挥作用。

更为重要的是，对科学的认知能力要求我们认识到科学研究并不只是由专家们来为我们做的，而是要求我们去亲自实践。科学读物中的理论知识与真正理解之间是脱节的。没有人们的理解和热心钻研，这些知识只是潜在的，而不是真正被掌握的人类知识。为了能够跟上社会发展的步伐，每个人都应该具备相应的科学知识。科学的认知能力也包括能够运用基本的科学技巧做出明智的决定。在科技发达的社会里，科学的决策推动着生活的进步。我们应建更多的原子能工厂吗？哪些疾病的研究应获得科研基金？应该控制世界人口吗？怎样看待试管婴儿和代理妈妈？

对科学的认知可以从一本介绍科研活动的书开始。科学活动能够使学生获得一种可以控制不断变化的，充满问题的世界的感觉。首先，这些活动为学生提供了一个学做具体事情，从而改善世界的机会。例如：有关环境的活动使学生们知道他们可以马上采取哪些行动来保护环境。其次，科学活动能够让学生亲自体验哪些办法行得通，哪些行不通。例如：学生可以直接比较水和醋在植物生长过程中起到的作用。第三，科学研究可以帮助人们理解事物，消除恐惧和疑惑。例如：飞机上升时耳朵有发胀的感觉会使你感到惊慌。当你明白了为什么会出现这种情况并知道如何缓解压力的时候，就会好多了。第四，科研活动能够让你更加深刻地认识到这个世界确实十分奇妙。例如：为什么割了手指会感到疼痛，而割到指甲时不会感到疼？最后，科学活动通过鼓励积极参与和培养个人责任感来平衡学生在依赖电视这一年龄阶段所形成的被动观察。

科学研究是对世间奇迹的探索，这一点学生们认识得最深刻。每位中小学生都可以被看作是未来的科学家。学生们想弄懂所有的事情。一旦他们找到了一位知晓一切的人——通常是父母或老师——他们便源源不断地提出问题。想要了解事物如何发展变化以及这个世界的存在方式是一件正常的事情。在最基本的层次上，科学讲的就是这个。科学家只不过是一些专业人员。他们所从事的研究，学生们都能够自然地做出来。科学家的内心活动实际上与学生们的一样。学生实际上就是小科学家。

研究表明，家长和小学教师（与高中教师相反）在使学生对科学研究产生兴趣这一点上，由于他们自身的疑问和好奇心以及他们敢于承认自己专业知识的缺乏，使他们在指导学生进行科学实践的过程中占据了优势。这也与他们鼓励学生与他人分享想法和经验有关。

科学不能光靠空谈，还必须亲自动手去做。学生在主动的，需要动手的环境中更能兴趣盎然地进行学习。研究表明，动手实践能使学生的能力在科学研究和创造性活动中得到大幅度的提高；实践活动也提高了学生在感知、逻辑、语言学习、科学内容和数学等方面的能力，同时也改变了他们对科学研究和科学课的态度。更为有趣的是，人们发现那些在学习上、经济上或两个方面都略显逊色的学生们在以实践活动为基础的科研中获得了很大收益。

有时，让学生直接与被研究对象接触是非常方便的。例如：他们能直接利用光来制造阴影。而另外一些研究对象（如恐龙和其他行星）无法使学生获得直接经验。此时我的脑子中就闪出了这样的想法：得让学生们积极地参与进来。于是，故事和戏剧等形式被融入活动之中，来代替直接经验。

进行科研活动常用的一种好办法就是分三步走的"循环学习法"。对科研实践来说，循环学习法是一种简单有效的方法。它始于20世纪60年代，是由美国国家科学基金会赞助发起的。它是科学课程完善性研究的一部分。作为一种使学生们直接主动地进行科研实践的教学策略，它已初显成效。

在循环学习法中，学生在接触新的术语或概念之前，要先完成一个活动。其目的是让学生通过他们的个人亲身经历，逐步形成并不断加深对这些知识的认识。学生可以在一种结构严谨，并且灵活多变的方式中开始探索，进行活动。接下来是对活动进行讨论。最后一步是重复这个活动或活动中的某些形式，以使学生们能够把新学的概念运用到实际当中。

循环学习法的第一步，初步接触活动，是让学生们去发现新的观点和材料。当学生们初次进行某项活动时，他们便获得了建立在实践基础上的科学概念。游戏是获得信息的基础，而且概念的培养也离不开直接的动手实践。学生们有能力去观察，收集材料、推理、解释和进行实验。在必要的时候，教师或父母可以充当监督或咨询的角色，通过提出问题来帮助学生们完成活动，千万不要告诉学生们去做什么或给出答案，不要使孩子们产生一定要做对的压力，而是要使他们专心于做的过程。

举一个利用循环学习法来使用《科学探索小实验系列丛书》的例子。假设你对植物这个主题感兴趣，你可能在"情景再现"这一部分找到相关活动。这一循环的第一步包括一个有关种子的活动。首先展出不同的种子并让学生们用放大镜去观察和比较。在第二步，你与学生们讨论他们的观察结果，并列出他们所观察到的种子的物理特征。然后可以让他们读本有关种子的书。在最后一步，让学生们继续深入研究种子。如把不同的水果切开，比较它们的种子，或者甚至可以把利马豆浸泡一夜后进行解剖。

接下来便到了讨论阶段。通过讨论，可以帮助学生发现实践活动的意义所在。而且，学生在进行观察并形成了某种看法之后，也急于与别人交流，把他们的发现公之于众。

可以在讨论过程中使用《科学探索小实验系列丛书》中的背景知识介绍基本概念和词汇。书中的信息如果能和其他资料，如教科书、词典、百科全书、视听辅助手段等相结合，还可以不断地拓展、丰富。书中有些背景注释为了适合青少年学习，可以稍作改动。不过，如果使用的语言过于简单，它就不具有挑战性的研究价值了，学生们也就不可能重视隐含在字面之后的概念。

讨论应在自由开放的氛围中进行。交际能力使讨论充满活力和具有成效是非常重要的。

发展主动的听力技巧。重述学生们的话，向他们表明你一直在听，而且明白他们的意思。

提出非限定性的问题。如"你是怎么看的?""发生了什么……?""如果……会怎样?""怎样才能发现……?""怎么能确定……?""有多少种方法能够……?"

当学生们提出问题时，让他们再仔细考虑一下这些问题。要求他们提供更多的信息和实例，鼓励他们去描述，让他们作出尽可能多的答案，而不是只停留在某个唯一"正确"的答案上。

让学生们评估他们的发言。各组可以列出他们的优点和缺点。

当然，所有这些必须由教师或家长组织练习并且使之与参加活动的学生们的层次相适应。一旦你与学生们就某项活动的讨论获得成功，学生们就可以重复这项活动，这样做给学生们提供了应用理论的机会。每进行一项活动，他们都会在更深的层次进行研究，获得新的发现，使理论得到强化。循环学习法的最后阶段可以作为一项新的活动的起点。学生们可以通过进行新的活动来扩充现有理论。

出版《科学探索小实验系列丛书》的目的就是为了鼓励这些学生。更重要的一点是，要让家长、教师和学生把握什么才是真正的科学。仅仅为了完成教学任务，而"填鸭式"地将知识灌输给学生，从长远意义上来说，是对学生是有害的。学生科学认识能力的提高，并不在于学了多少，而是要看学习的方法。《科学探索小实验系列丛书》鼓励培养学生对科学的洞察力，对概念的理解能力和高度的思维技巧。

十个基本步骤掌握科学方法

要用科学的方法组织科研活动。使用科学的方法就像侦探调查神秘的案子一样。科学的方法实际上是组织调查研究的计划。它实际上不是一整套需要遵循的程序，而是一种提问和寻求答案的方法。

1. 确定问题。决定你究竟想了解什么。尽管开始时可以产生几个相关的问题，但最终要把它们归纳成一个可以进行初步探究的具体问题。你无法用真正的火箭去做实验，但是却可以用气球来研究火箭的工作原理。

2. 收集与问题相关的信息资料。这部分属于研究的范畴。研究可以激发直觉的产生，而直觉又在科学研究中起到了关键的作用。直觉是在大脑下意识地作用于积累的经验时产生的，它随时随地都会出现。尽管大多数情况下直觉是错误的，但它也有正确的可能。因此我们必须通过实验来验明真伪。

3. 接下来对问题的答案进行猜测。这一步被称为"假设"。

4. 找出变量，即那些可以改变和控制的东西。这通常是科学方法中最难的部分。它要求对假设进行仔细的分析。在不同的试验中，至少有一个变量需要改变。同时，无论你在改变的变量重要与否，总有一些变量得保持不变。例如：你正在研究用盐水浇灌植物的效果。你手中有两株植物，你用完全相同的办法培育它们：同样的种子、土壤、日照和温度等，这些是控制不变的变量。这两株植物唯一的区别是其中一株是用自来水浇灌的，而另一株则是用盐水浇灌的，这些就是被控制变化的变量。

5. 决定回答问题的方法。详细写出你要做的每一步，不要假设或省略那些似乎"明显"的步骤。

6. 准备好所需的材料和设备。

7. 进行实验，记录数据。一定要准确测量和记录数据。通过重复实验来检查数据的准确性是很有用的。

8. 对比实验结果和假设。看二者是否吻合，假设没有正误之分，只有是否被支持的区别，无论怎样，你都会有所收获。

9. 作出结论。结论通常要回答更多的问题，如活动结果如何？说明了什么？活动是否有价值？怎样产生价值的？你学到了什么？你需要进一步研究什么？

10. 向别人公布你的发现。科学家们互相探讨他们的发现，使理论日趋完善。以交换智慧为目的，科学家们已经建立了全球范围的网络，来促进彼此间的交流。这给人们留下了深刻的印象。牛顿曾说过如果他看得更远一些，那是因为他站在了巨人的肩膀上。我们许多人熟知这个典故，但是却忘了问怎样才能找到巨人的肩膀并被它的主人所接纳。虽然我们对此不以为然，但是这种行为确实是十分特别和重要的。

当你使用科学的方法时，切记它不过是一个总体的计划，而不是什么定规。科学家真正进行科研的过程与我们所描述的科学工作往往有许多出入。我们在描述中往往略去了研究工作中的遇到的许多挫折和错误。而正是被经常忽略的部分才是真正的充满挑战和挫折，令人兴奋的探索科学之路。

不对科学说"NO"

——写给致力于科学研究的女学生们

许多学生和成年人仍然认为科学研究不适合女性做。社会中某些微小的信息可以产生巨大的影响。在北美，女性占从事科研和工程劳动力的10%还不到。在社会对妇女就业采取明显限制的沙特阿拉伯，只有5%的女性从事与科研相关的职业。而在社会观念完全不同的波兰，则有60%的妇女从事科研活动。

如果我们要加强对青年女性的科学教育，那么必须及早入手——按照《科学探索小实验系列丛书》中所定的年龄阶段开始。研究结果表明，男女学生在对科学研究的成就、态度和兴趣等方面的差异在中学时期就已经明朗化。过了四年级以后，女学生就很少会像男孩一样对科学感兴趣，选修自然科学课并在科研活动中获得成功。

可以用实例来驳斥科学领域中男尊女卑的偏见。作为女孩的榜样，从化学家、物理学家居里夫人（Marie Curie）到宇航员罗伯特·邦达（Roberta Bondar），都应该作为科学活动的背景知识介绍给学生们。女科研教师或对科学感兴趣的母亲，都能成为有说服力的榜样。

　　有时，女孩似乎无意之中就陷入了科学研究中的"女性"领域，如对植物和环境的研究。要鼓励女孩去从事包含电学和磁力学在内的"男性"活动。应该给女孩们更多的时间和关注，让她们逐步熟悉传统上的"男性"器材（如电池、电路或罗盘）。不要强制她们去学习物理等学科，但是要给她们提供一个探索这些学科的机会，以便使她们能够做出明智的选择。

　　"男性"科学和"女性"科学教学技巧的侧重点不同。研究表明，在物理和化学教学中，解决问题方法很受欢迎，而在生物学中，理论教学和有指导的实验方法更受青睐。女孩通常对更为随便的处理型方法感到畏惧，因此放弃了解决问题的方法。

　　许多教育家认为，能够用大脑操纵空间的一个物体，使其旋转，以及建造三维立体模型的能力都是科学研究中必不可少的技能。研究人员对男孩与女孩在空间能力差异的程度和性质方面存在着分歧。大多数研究表明，空间能力的差异要到十四五岁时才出现。产生差异的原因主要是来自社会和教育方面的因素，而不是由先天的基因决定的。要鼓励女孩多做一些能够培养空间能力的活动（如用纸做三维几何模型）。

　　《科学探索小实验系列丛书》中的活动是为所有学生设计的——无论是男孩还是女孩。作为一条总的原则，当指导学生们进行《科学探索小实验系列丛书》中的活动时，要有意识地培养女孩去积极参与。研究显示女孩乐于扮演观察员或记录员的被动角色，而男孩则愿意扮演领导者。在教室中解决此问题的办法之一是把学生们按性别分组，进行科研实验。伟大的科研项目将从这里开始。《科学探索小实验系列丛书》会帮助你拓宽思路，并据此深入钻研。

　　《科学探索小实验系列丛书》中有许多值得思考的问题，这些问题为从事科研项目打下了基础。太多的学生以及他们的家长和教师认为科研项目就是要制造一些东西，如收音机或火山。但实际上科研项目是关于对科学的研究，即从问题入手，并用科学的方法去解决这些问题。

目 录

极 简 热 身

复杂运动

情景再现

极简热身

热身进行时

"葱皮薄，暖冬到；葱皮厚而硬，严冬则一定。"这句古老的园丁押韵谚语中蕴含着一些真理。夏季空气和土壤的平均温度不同，会对洋葱的生长产生影响。夏季空气和土壤的温度与即将到来的冬天的气候情况是有联系的。科学研究已证实其他一些植物也能够提供预测天气的线索。

全世界有7000多家气象观测站。除此之外，在运输船和飞机上还有成千上万的人定期收集天气方面的数据。

在许多传说中，动物能够预测天气情况。科学研究证明大部分传说并不准确。例如：有人说如果即将到来的冬天会特别冷的话，一些动物就会长出超厚的毛。这种说法并不正确。黑尾鹿就是一种由于不能在需要时长出超厚的毛而常常被冻死的动物。

如果这一知识落入了无能的人的手中，会怎样？从长远角度出发，控制天气是有利还是有弊？在树上的知了在8秒钟内鸣叫的次数。它鸣叫的次数加上4，就得到了以℃为单位的气温度数。几乎每次所得到的结果与真实值间的差异在1℃之内。随着空气温度的升高，知了鸣叫的频率也会加快。

"千帕"（Kilopascal）和"℃"（Degrees Celsius）两个单位是以从事气象研究的两位欧洲科学先驱的姓氏命名的。他们是瑞典天文学家安德斯·摄尔修斯（Anders Celsius）和法国科学家、哲学家布雷斯·帕斯卡（Blaise Pascal）。

如果科学家学会了控制天气，世界会变成什么样子？这意味着什么？人类控制天气会影响自然的平衡吗？我们该怎样决定下雨或晴天的时间和地点呢？

名 人 堂
安德斯·摄尔修斯（Anders Celsius）

安德斯·摄尔修斯，瑞典物理学家、天文学家，瑞典科学院院士。1701年11月27日生于乌普萨拉。他曾在乌普萨拉大学学习，受父亲影响，从事天文学、数学、地球物理和实验物理学研究。年仅26岁便担任了乌普萨拉科学协会会长，并在大学任教。1730-1744年任乌普萨拉大学教授，1740年兼任乌普萨拉天文台台长。

摄尔修斯在1733年于纽伦堡发表了他自己及其他人于1716-1732年间的一系列为数316宗的极光观测。在巴黎他主张测量拉普兰子午线一弧的长度，并于1736年参与了法国科学院以此为目的筹备的考察。

安德斯·摄尔修斯

自1732年至1736年期间，他离开瑞典到国外访问，先后到柏林、纽伦堡、意大利和巴黎等地，广泛地参观访问了天文台和著名科学家。1733年他把在北极观察的北极光的情况收集成册，在纽伦堡出版了叫《北极光观测资料汇编》一书。他在意大利、巴黎访问期间，正赶上一场关于地球形状的大论战：巴黎一方认为地球是一个纵长的白兰瓜型，而伦敦一方则认为地球是两极扁平的横长型。为了确定地球的形状，考证牛顿关于地球赤道附近半径大而两极扁平的理论，法国巴黎科学院于1735年和1736年先后派出两支科技队伍，到赤道和北极圈内进行大规模的地球纬度测量工作。摄尔修斯1735年去伦敦搞到了测量所需要的仪器，1736年便随队出发到北极圈进行实测，1737年顺利完成任务回国。这次论战和实地测量的结果，说明地球纬度1度的长度越接近北极越长，证实了牛顿力学理论的正确性，使牛顿力学在法国得到了广泛的传播。这里边也有摄尔修斯的一份功劳。

安德斯·摄尔修斯在总结前人经验的基础上，于1741年创办了乌普萨拉天文观测站，并于1742年在一篇给瑞典皇家科学院的论文中提出了摄氏温标。1742年创立了摄氏温标，原本他的温度计是以水的沸点为0度，而冰点则为100度。后来，这个温标于1745年由卡尔·林耐将其颠倒，并一直沿用至今。这是摄尔修斯对热学不可磨灭的贡献。同年，摄尔修斯发表了论文《温度计中两个不动刻度的观察》他把水银温度计插入正在熔解的雪中，定为冰点作为一个标准温度点；然后又把温度计插入沸腾的水中，定为沸点作为另一个标准温度点（这其中实际上暗含了正常大气压这个条件）。并把冰点和沸点之间等分100度，所以摄氏温标又叫百分温标。为了避免测量低温时出现负值，他把水的沸点定为零度，而冰点定为100度。到1750年根据他的同事施勒默尔的建议，把这种标度倒转过来，以冰点为零度，沸点为100度。开始人们称它为"瑞典温度计"，大约在1800年人们才称它为摄氏温度计。1948年在巴黎召开的第九届国际计量大会根据"名从主人"的惯例，把百分温标正式命名为"摄氏温标"，以纪念摄尔修斯。摄氏温标的单位是"℃"，用℃表示。摄氏温度现在仍然是世界通用的温度数值表示方法。摄尔修斯对温度计的制作和改进，对促进热学的研究和发展做出了贡献。

摄尔修斯还研究了沸点和气压的关系，证明了气压不变，液体的沸点也不变化。他还研究了不同液体混合后体积减小的现象。例如他把40单位体积的水和10单位体积的硫酸混合，结果只有48单位体积。

安德斯·摄尔修斯是科学领域中使用及发表仔细的实验以求定义出国际温标的第一人。在他以瑞典语发表的论文《温度计上两个持续度数的观测》中，他报告了检查水的冰点是否跟纬度（或大气压力）无关的实验。他确定了水的沸点跟大气压力的关系（跟现代数据非常吻合）。他还给出一条若气压跟某标准气压不同时量度沸点用的定律。

名 人 堂

布雷斯·帕斯卡（Blaise Pascal）

布雷斯·帕斯卡，法国数学家、物理学家、思想家。帕斯卡生于法国多姆山省奥弗涅地区的克莱蒙，从小体质虚弱，3岁丧母。父亲艾基纳（1588—1651年）是一个小贵族，担任地方法官的职务，是一位数学家和拉丁语学者。布莱士·帕斯卡是杰奎琳·帕斯卡和另外两个姐妹（只有其中之一，洁柏特活过童年）的兄弟。母亲死后，父亲就辞去了法官职务。

1623年6月19日诞生于法国多姆山省克莱蒙费朗城。帕斯卡没有受过正规的学校教育。他4岁时母亲病故，由受过高等教育、担任政府官员的父亲和两个姐姐负责对他进行教育和培养。他父亲是一位受人尊敬的数学家，在其精心地教育下，帕斯卡很小时就精通欧几里得几何，他自己

布雷斯·帕斯卡

独立地发现出欧几里得的前32条定理，而且顺序也完全正确。

11岁的帕斯卡在厨房外边玩，听到厨师把盘子弄得叮叮咣咣地响。这声音引起了帕斯卡的注意。他想，要是敲打发出声音的话，为何刀一离开盘子以后，声音不马上消失呢？他就自己做实验。他发现盘子被敲打以后，声音不断，但是只要用手一按盘子边，声音就立刻停止。帕斯卡高兴地发现，原来声音最要紧的是震动，不是敲打。打击停止了，只要震动不停止，还能发出声音来。这样，帕斯卡就发现了声学的震动原理，开始了科学的探索。

12岁的帕斯卡独自发现了"三角形的内角和等于180度"后，开始师从父亲学习数学。1631年帕斯卡随家移居巴黎。父亲发现帕斯卡很有出息，在他16岁那年，满心喜欢地带他参加巴黎数学家和物理学家小组（法国巴黎科学院的前身）的学术活动，让他开开眼界，17岁时帕斯卡写成了数学水平很高的《圆锥截线论》一文，这是他研究德扎尔格关于综合射影几何的经典工作的结果。

1631年帕斯卡全家移居巴黎。艾基纳自己教育帕斯卡并且常与巴黎一流的几何学家如马兰·梅森、伽桑狄、德扎尔格和笛卡尔等人交谈，小帕斯卡也在此时表现出在数学上很高的天赋。11岁时小帕斯卡写了一篇关于振动与声音的关系的文章，这使得艾基纳担心儿子会影响希腊和拉丁文的学习，于是禁止他在15岁前学习数学。一天，艾基纳发现布莱士（当时12岁）用一块煤在墙上独立证明三角形各角和等于两个直角。从那时，帕斯卡被允许学习欧几里得几何。

小帕斯卡对德扎尔格的著作特别感兴趣。在德扎尔格思想的影响下，帕斯卡16岁写成《论圆锥曲线》。这本书的大部分已经散失，但是一个重要结论被保留了下来，即"帕斯卡定理"。笛卡尔对此书大为赞赏，但是不敢相信这是出自一个16岁少年之手1641年帕斯卡又随家移居鲁昂。1642—1644年间帮助父亲做税务计算工作时，帕斯卡发明了加法器，这是世界上最早的计算器，现陈列于法国博物馆中。1610年他接受了宗教教义，但仍致力于科学实验活动，到1653年之间，帕斯卡集中精力进行关于真空和流体静力学的研究，取得了一系列重大成果。

1647年重返巴黎居住。他根据托里拆利的理论，进行了大量的实验，1647年的实验曾轰动整个巴黎，他自己说：他的实验根本指导思想是，反对"自然厌恶真空"的传统观念。1647年到1648年，他发表了有关真空问题的论文。1648年帕斯卡设想并进行了对同一地区不同高度大气压强测量的实验，发现了随着高度降低，大气压强增大的规律。在这几年中，帕斯卡在实验中不断取得新发现，并且有多项重大发明，如发明了注射器、水压机，改进了托里拆利的水银气压计等。1649年到1651年，帕斯卡同他的合作者皮埃尔详细测量同一地点的大气压变化情况，成为利用气压计进行天气预报的先驱。1651年帕斯卡开始总结他的实验成果，到1654年写成了《液体平衡及空气重量的论文集》，1663年正式出版。此后帕斯卡转入了神学研究，1655年他进入神学中心披特垒阿尔。他从怀疑论出发，认为感性和理性知识都不可靠，从而得出信仰高于一切的结论。

1646年前帕斯卡一家都信奉天主教。由于他父亲的一场病，使他同一种更加深奥的宗教信仰方式有所接触，对他以后的生活影响很大。帕斯卡和数学家费马通信，他们一起解决某一个上流社会的赌徒兼业余哲学家送来的一个问题，他弄不清楚他赌掷三个骰子出现某种组合时为什么老是输钱。在他们解决这个问题的过程中，奠定了近代概率论的基础。在他短暂的一生中做出了许多贡献，以在数学及物理学中的贡献最大。1646年他为了检验意大利物理学家伽利略和托里拆利的理论，制作了水银气压计，在能俯视巴黎的克莱蒙费朗的山顶上反复地进行了大气压的实验，为流体动力学和流体静力学的研究铺平了道路。实验中他为了改进托里拆利的气压汁，他在帕斯卡定律的基础上发明了注射器，并创造了水压机。

1647—1648年，他发表了有关真空问题的论文。他关于真空问题的研究和著作，更加提高了他的声望。1648年帕斯卡设想并进行了对同一地区不同高度大气压强测量的实验，发现了随着高度降低，大气压强增大的规律。在这几年中，帕斯卡在实验中不断取得新发现，并且有多项重大发明，如发明了注射器、水压机，改进了托里拆利的水银气压计等。帕斯卡完成了由意大利著名科学家伽利略所开始并由伽利略的弟子托利拆里（Torricelli, 1608-1647）所进行的工作。空气有重量的事实早在1630年已经为人所知。1643年托利拆里用水银柱做实验，认识到不同天气条件下气压的变化。托利拆里的实验证明了大气是有压力的，并且确定了测量大气压力的基本方法。但托利拆里对气压的观念是含混不清的，他没能发现气压变化的规律。1646年帕斯卡重复做了托利拆里的实验。帕斯卡仔细地研究了水银柱在各种高度和不同地方的变化，对气压及其变化的规律有了深刻的认识。与此同时，帕斯卡还对真空的问题进行了深入研究。到1647年，帕斯卡已经证明了真空的存在。不过，当时很多人却并不相信这一点。如笛卡尔就对帕斯卡的结论不以为然并大加讥讽，说他"头脑里真空太多了"。1648年9月19日帕斯卡的姐夫比里埃在多姆山（海拔1400米左右）按照帕斯卡的设计进行了实验。实验证明在山脚和山顶水银柱的高度相差3.15英寸。这个实验取得了空前的成功，并震动了整个科学界。今天我们使用的国际单位制中的压强气压单位帕（帕斯卡）就是根据他的名字命名的。

他关于真空问题的研究和著作，更加提高了他的声望。他从小就体质虚弱，又因过度劳累而使疾病缠身。然而正是他在病休的1651—1654年间，紧张地进行科学工作，写成了关于液体平衡、空气的重量和密度及算术三角形等多篇论文，后一篇论文成为概率论的基础。在1655—1659年间还写了许多宗教著作。晚年，有人建议他把关于旋轮线的研究结果发表出来，于是他又沉浸于科学兴趣之中，但从1659年2月起，病情加重，使他不能正常工作，而安于虔诚的宗教生活。最后，在巨大的病痛中逝世。

1662年8月19日帕斯卡逝世，终年39岁。后人为纪念帕斯卡，用他的名字来命名压强的单位，简称"帕"。

帕斯卡（符号Pa）是国际单位制（SI）的压力或压强单位。在不致混淆的情况下，可简称帕。它等于一牛顿每平方米，这是以法国数学家、物理学家兼哲学家布莱士·帕斯卡的名字来命名的。

$$1Pa = 1 \text{ N/m}^2$$

$$= 1 \ (\text{m·kg·s}^{-2}) / \text{m}^2$$

$$= 1 \ (\text{kg·s}^{-2}) / \text{m}$$

$$= 0.01 \text{毫巴（mbar）}$$

$$= 0.00001 \text{巴（bar）}$$

同样的单位也可表示应力。

标准大气压是 101 325Pa=101.325kPa=1013.25hPa=1013.25mbar=760Torr（ISO 2533）.

全世界的气象学家长期以毫巴测量气压。推出SI单位后，很多气象学家仍偏好保存习惯性应力数据。因此，气象学家今天对气压使用百帕（hPa）以等于毫巴，而其他几乎不用词头百（hecto, h）的领域的类似压力以千帕（kPa）测量之。

1百帕（hPa）=100 Pa=1 mbar

1千帕（kPa）=1000 Pa=10 hPa

帕斯卡与其他单位的转换

1巴	100 000 Pa
1毫巴	100 Pa
1标准大气压	101 325 Pa
1 mmHg(毫米水银柱)	133.322 Pa
1 inch Hg(英寸水银柱)	3386.38 Pa
1 M Water(米水)	9800 Pa

帕斯卡的数学造诣很深。除对概率论等方面有卓越贡献外，最突出的是著名的帕斯卡定理——他在《关于圆锥曲线的论文》中提出的。帕斯卡定理是射影几何的一个重要定理，即："圆锥曲线内接六边形其三对边的交点共线"。

在代数研究中，他发表过多篇关于算术级数及二项式系数的论文，发现了二项式展开式的系数规律，即著名的"帕斯卡三角形"。（在我国称 "杨辉三角形"），他与费马共同建立了概率论和组合论的基础，并得出了关于概率论问题的一系列解法。他研究了摆线问题，得出了不同曲线面积和重心的一般求法。他计算了三角函数和正切的积分，最早引入了椭圆积分。

1.1639年，他发表了一篇出色的数学论文《论圆锥曲线》。

2.他撰写的哲学名著《思想录》。

3.帕斯卡发现了大气压强随着高度的规律。他不仅重复了托里拆利实验，而且验证了他自己的推论：既然大气压力是由空气重量产生的，那么在海拔越高的地方，玻璃管中的液柱就应该越短。

4.《致外省人书》。

5.1641年，帕斯卡发明了加法器。

6.《关于圆锥曲线的论文》。

7.发现帕斯卡定律是流体（气体或液体）力学中，指封闭容器中的静止流体的某一部分发生的压强变化，将毫无损失地传递至流体的各个部分和容器壁压强等于作用力除以作用面积。根据帕斯卡原理，在水力系统中的一个活塞上施加一定的压强，必将在另一个活塞上产生相同的压强增量。如果第二个活塞的面积是第一个活塞的面积的10倍，那么作用于第二个活塞上的力将增大为第一个活塞的10倍，而两个活塞上的压强仍然相等。水压机就是帕斯卡原理的实例。它具有多种用途，如液压制动等。

8.帕斯卡还发现：静止流体中任一点的压强各向相等，即该点在通过它的所有平面上的压强都相等，这一事实也称作帕斯卡原理（定律）。

帕斯卡定律

加在密闭液体上的压强，能够大小不变地由液体向各个方向传递。

根据静压力基本方程（p=p0+pgh），盛放在密闭容器内的液体，其外加压强p0发生变化时，只要液体仍保持其原来的静止状态不变，液体中任一点的压强均将发生同样大小的变化。这就是说，在密闭容器内，施加于静止液体上的压强将以等值同时传到各点。这就是帕斯卡原理，或称静压传递原理。

帕斯卡定律是流体力学中，由于液体的流动性，封闭容器中的静止流体的某一部分发生的压强变化，将大小不变地向各个方向传递。帕斯卡首先阐述了此定律。

压强等于作用压力除以受力面积。根据帕斯卡定律，在水力系统中的一个活塞上施加一定的压强，必将在另一个活塞上产生相同的压强增量。如果第二个活塞的面积是第一个活塞的面积的10倍，那么作用于第二个活塞上的力将增大为第一个活塞的10倍，而两个活塞上的压强仍然相等。

帕斯卡作了一系列实验，研究液体压强的规律。帕斯卡注意到一些生活现象，如没有灌水的水龙带是扁的。水龙带接到自来水龙头上，灌进水，就变成圆柱形了。如果水龙带上有几个眼，就会有水从小眼里喷出来，喷射的方向是向四面八方的。水是往前流的，为什么能把水龙带撑圆？通过观察，帕斯卡设计了"帕斯卡球"实验，帕斯卡球是一个壁上有许多小孔的空心球，球上连接一个圆筒，筒里有可以移动的活塞.把水灌进球和筒里，向里压活塞，水便从各个小孔里喷射出来了，成了一支"多孔水枪"。帕斯卡球的实验证明，液体能够把它所受到的压强向各个方向传递.通过观察发现每个孔喷出去水的距离差不多，这说明，每个孔所受到的压强都相同。还有一个最著名的实验：他用一个木酒桶，顶端开一个小口，小口上接一根很长的铁管子，接口密封。实验的时候，酒桶先盛满水，再慢慢往铁管子里倒上几杯水，当管子中的水柱高达到几米的时候，只见木酒桶突然破裂，水流满地。帕斯卡总结了这些实验，于1654年写成一篇论文《论液体的平衡》，提出了著名的帕斯卡定律：加在密闭液体任一部分的压强，必然按其原来的大小，由液体向各个方向传递。所有的液压机械都是根据帕斯卡定律设计的，所以帕斯卡被称为"液压机之父"。

　　这一定律是法国数学家、物理学家、哲学家布莱士·帕斯卡首先提出的。这个定律在生产技术中有很重要的应用，液压机就是帕斯卡原理的实例。它具有多种用途，如液压制动等。帕斯卡还发现静止流体中任一点的压强各向相等，即该点在通过它的所有平面上的压强都相等。这一事实也称为帕斯卡原理。

　　可用公式表示为：$P_1 = P_2$，即：$F_1 \div S_1 = F_2 \div S_2$

帕斯卡的故事

夜空被滚滚的乌云笼罩着，整个天空黑得伸手不见五指；阵阵狂风，呼啸而过，像被一个巨大的狂人摇撼着的树枝，东摇西晃；大雨倾盆而下，整个宇宙充满了风声、雨声，使这个盛夏的深夜，更叫人闷得透不过气来！

这时，在一条小路上，一辆马车离开法国巴黎冒雨向郊区飞驰。马蹄声、车轮飞奔溅起的水花声，都湮没在风雨声中。车里坐着的两个人，希望快点到达目的地，抢救病危的科学家帕斯卡。空中一道道闪电，映出路牌上的一行字：去神学中心披垒阿尔。接着，几声震耳的雷声，响彻天空。

坐落在巴黎郊区的神学中心，是一所宏伟的教堂式建筑，是一所专门培养研究神学人才的地方，两个尖尖的钟楼塔，隐没在大雨中。马车停在神学中心的门口，从车上跳下来的是帕斯卡的老仆人勒威耶以及他请来的名医裴索。两人匆匆穿过走廊，走进帕斯卡的卧室。当勒威耶看见帕斯卡垂危的样子时。便一下扑向床边，摇着帕斯卡的手臂，喊着主人的名字。仰卧着的帕斯卡猛然睁开了眼睛，看了看床边站着的医生，用手指指桌上零乱放着的实验仪器，又指了指墙上挂着的神像后，头慢而无力地歪向了一边，停止了呼吸。这时钟楼响起了阵阵的钟声，钟声悲怆，颤抖着，穿过雨云，传向四方。裴索医生看了一眼墙上的日历是：1662年8月19日，时钟指在零点。然后叹息地说："39岁就离开人世，太年轻了。"但医生对帕斯卡死前指指这儿，又指指那儿的意思，迷惑不解。当医生进一步检查帕斯卡的尸体时，发现在他腰上围着一根有一掌宽的皮带，上面布满了铁刺，刺尖都对着肌肉，有的地方被刺得血肉模糊；有的地方发炎化脓，气味刺鼻。裴索医生心中升起一团疑云，便问勒威耶："这是怎么回事？"

65岁的老仆人勒威耶悲痛地回忆着往事："公元1623年6月，帕斯卡出生在克莱蒙费朗。父亲是一位家乡税务所的课税员，数学很好。帕斯卡在父亲的教育下，刻苦钻研，努力学习，成绩很好。13岁那年，他每天伏在桌子上写呀，算呀，不停地钻研，结果他发现了二项式展开系数规律——帕斯卡三角形；不满16岁时，他又发现了影射几何学的一个基本原理，他利用这个原理又经过一年多的钻研，推导出400多个推论。这些，在当时的数学界算是个大贡献，一个青少年可算是崭露头角了。

帕斯卡到了19岁时，已经成长为一个有作为的青年了，他看到父亲每天要进行十分繁杂的计算，非常辛苦，就决心动手研制一台计算器，代替父亲的劳动。经过研究，他用一个齿轮表示数字，经过适当地搭配，使表示较低位数字的齿轮每转动十圈，较高位数字的齿轮就转动一圈，这就解决了进位的问题。于是，制成了一台能做加、减运算的手摇计算机。（从某种意义上说，这就是世界上第一台数字计算机呢！）记得第一天使用机器时，帕斯卡住处被附近来参观的人们围得水泄不通，都来争看能提高手工效率几倍的机器。不久，全法国都推广使用了这种机器。"

说到这里，勒威耶为主人有这么多成就而感到自豪，悲痛的心情已消失；医生听着不停地点头，对帕斯卡的成就，表示钦佩。

"听说帕斯卡还研究了一条什么定律，你了解这件事的过程吗？"医生问。

"了解，我从20岁就在帕斯卡家当仆人，眼看着帕斯卡长大的，很多事都知道。"勒威耶眉飞色舞地继续说下去。

水桶的启示

"记得帕斯卡23岁那年的一天，我提了满满一桶水进屋，由于木桶破旧，桶的侧壁往外喷水，这个现象吸引了帕斯卡，他不让我把水桶提走，眼看水流得遍地皆是。水流完后他让我再提水，再观察。那几天忙得他少吃饭，不睡觉。"勒威耶由于自己也参加了这项实验，谈起话来面有得意之色，看了看医生，接着又说下去。

"水桶给帕斯卡很大的启示，后来他对我讲，水桶侧壁小孔离水面越深，压强就越大，水流出的速度也就越大。又过了些日子，帕斯卡又设计制作了一个完好的木桶，盖子密封在桶上，在盖子的中心开一个不大的小孔，桶里灌满水后，木桶没有任何异样。后来，他把一根长长的细铁管插到木桶的小孔上，并使接口处不漏水，然后从管子上方倒了几杯水，使管子里的水面提高了好几米，当管内水达到一定高度时，木桶破裂了，您说怪不怪？后来帕斯卡总结了规律，写成了论文，就叫帕斯卡定律。听说有人正在用这个定律研制水压机呢！"勒威耶略一停顿又补充说："噢，还有数学归纳法也是他研究出来的。他还非常喜欢文学，他写的《思想录》《致外省人信札》两部文学作品，在欧洲都被公认是文学名著！"由于医生每天忙于给病人治病，对帕斯卡这位才华横溢、科学上传奇式人物的事迹，虽耳有所闻，但不详细。今天听了勒威耶的介绍后，不仅对帕斯卡更加尊敬，就是对勒威耶老仆人也肃然起敬。但有关腰带和帕斯卡死前的动作，心里仍然迷惑，于是用较为尊敬的口气问："请您谈谈帕斯卡身上围的那根腰带的事好吗？谢谢。"

勒威耶虽然感到医生已经用较为客气的口吻和他谈话，但他听医生问起这事，不由得脸色变了……

"一件事的发生、发展、结果，在一定程度上是有着相互联系的，您说对吗？"使医生大为惊异的是这位饱经沧桑的老仆人竟能说出这样富有哲理的话，内心十分钦佩，急忙频频点头称是。老仆人继续说下去。

"生活在我们这个时代的人，大部分人都相信宗教，尊奉圣经。哥白尼于1543年出版了《天体运行论》，主张日心说。的确，在那个时代，谁要说太阳不是围绕地球运动，地球不是静止的，推翻圣经中的观点，必将与教会冲突；也必将与大家都承认的亚里士多德的运动学说发生冲突，在这一方面说，哥白尼是一位非常勇敢的人。"

医生感到这位老仆人和帕斯卡这位伟人朝夕相处，已是一位有一定学问的人了，但他急于要想把谈话继续下去，所以就追问了一句："那另一方面是什么？为什么教会没查禁哥白尼写的书？"

"哥白尼在他的书中，开头就写着：哥白尼献给教皇保尔三世，并援引了古代毕达哥拉斯学派的意见，这派是相信地球是运动的，至于与圣经有矛盾的问题，他都避而不谈，如此等等。后来伽利略为捍卫和发展日心说，写了《对话》一书，直到1632年被教会判处死刑为止，教会才真正发现哥白尼、伽利略的著作，都是和教会的观点针锋相对的，这对教会来说是绝对禁止的。帕斯卡就是在这种社会背景下

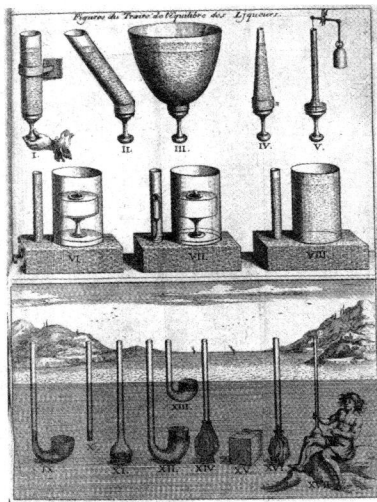

出生、成长的。当帕斯卡对科学不断深入研究不断做出贡献时，他始终感到教会与神的幽灵在他思想上徘徊。许多科学理论、事物规律，都和宗教的教义十分矛盾，越研究，越觉得寸步难行。

他曾对我说过，他十分苦恼。有时他怀疑他是不是要步伽利略的后尘，他还怀疑自己的研究方向是不是错了，如此等等。后来，他决定把宗教信仰和数学的理性主义调和起来，成为一体。事实上他在思想上还是以信奉宗教为主。帕斯卡一生的实践证明，这是行不通的。因此，他对数学、物理都厌烦了，决定放弃科学研究，专门钻研神学。为了专心信奉宗教，他除了从住处搬到神学中心外，还专门制作了一条有尖刺的腰带缠在腰上，一旦发现了自己产生了什么对神不虔诚或者想专心研究科学等邪念时，便用拳打腰带来刺痛肉体。

由于长期思想上的苦恼，体质不好，得了各种严重的病症，他又不愿积极治疗，就这样在歧路上折磨自己，毁灭了自己。一个人，不论他搞一件什么事，没有一个坚定正确的思想是搞不成的，调和与摇摆也一定不成。"

医生睁大了眼睛，一字不漏地听着勒威耶这番精辟的分析，明白了腰带之谜；也明白了帕斯卡死前的动作，那是指两件相对立的事物，科学与宗教始终没能调和在一起，死而有憾！

院里雨停了，风住了，天光大亮。树木、房屋、草地、天空，像洗了一次澡，给人一种清新的感觉。宇宙的一切，又在以新的面貌不停地运动着。

在5年后深秋的一天，老勒威耶拄着拐杖，领着六岁的小孙子，步履缓慢地来到帕斯卡的墓前，怀着无限留恋的心情，凭吊墓里的主人。小孙子好奇地问："爷爷，那块大石碑上写的是什么呀！上面是不是刻的一张桌子呀！"石块上写着：

文学家、数学家、物理学家帕斯卡之墓

1623.6.19——1662.8.19

"墓碑上是刻着一张桌子，上面还刻了一张纸片，表示大约相当于一块面积为1.2厘米、质量为10毫克的物质对桌面的压力，是国际通用的压强单位，叫作1帕斯卡，常说是'每平方米上有1牛顿的压力'。"

"墓碑前树立的神像为什么不刻在石碑上呢？压强单位为什么叫帕斯卡？"小孙子对方才答话的后半部没听懂。

"世界上为了纪念帕斯卡的贡献，才把他的名字定做压强单位。石碑上刻着科学研究成果，和神像不能也无法刻在一块石碑上。"老勒威耶不管小孙子听懂了没有，领着小孙子慢慢地走远了。这时，墓地草丛里响起了阵阵的蛐蛐叫声。

帕斯卡的笑话

有这样一则笑话：死后的科学家都到了天堂。有一天，科学家们玩捉迷藏，轮到爱因斯坦抓人。他数了100个数后，发现牛顿站在身边，就说："牛顿，我抓住你了。"

"不，你抓的不是牛顿。"

"那你是谁？"爱因斯坦问。

"你看我脚下是什么？"牛顿狡猾地一笑。

爱因斯坦看到，牛顿脚下是一块边长为一米的正方形木板。

"我站在一平方米的木板上，就是'牛顿/平方米'所以你抓到的不是牛顿，而是'帕斯卡'。"

　　爱因斯坦听后，叫来帕斯卡。帕斯卡听后微笑了一下，弯腰捡起了牛顿脚下的木板对爱因斯坦说："我现在是帕斯卡，对吗？"说罢，一下把木板丢了出去。"没有了平方米，现在，我是牛顿。"

教你一招

天　气

　　指经常不断变化着的大气状态，既是一定时间和空间内的大气状态，也是大气状态在一定时间间隔内的连续变化，所以可以理解为天气现象和天气过程的统称。天气现象是指发生在大气中发生的各种自然现象，即某瞬时内大气中各种气象要素（气温、气压、湿度、风、云、雾、雨、雪、霜、雷、雹等）空间分布的综合表现。天气过程就是一定地区的天气现象随时间的变化过程。

空气倒流

空气的特性对天气的变化起着主要作用。空气占据一定空间，具有重量和压力。下面试着在水下"倒"空气。

材料：两个透明的玻璃杯；一个大容器或盛满水的水槽。

步骤：

1. 把一个玻璃杯倒过来，直立着按入水中，杯中仍充满空气吗？

2. 用另一只手把另一个杯子斜着放入水中，使杯中灌满水。

3. 把两个杯子移到一起，倾斜第一个杯子，使它里面的气泡飘到第二个杯子里。第一个和第二个杯子各会发生什么现象？

4. 你能把所有的空气都从第一个杯子转移到第二个杯子中吗？会有多少空气溢出？是什么增加了"倒"空气的难度？

话题：空气

要想证明空气的存在，可以转圈摇晃一个塑料袋，然后把袋口封上，袋子中明显装有东西，那就是空气！在这项活动中，你不但可以真正地"看"到空气，还可以控制它。首先把第一只杯子放入水底时，杯子充满了空气，水无法进到杯子中去，当把杯子倾斜时，气泡就会从杯子中溢出，而水则占据了原来空气的位置。由于空气要比水轻许多，所以从第一个杯子中溢出的气泡很有可能会进入第二只杯子，而第二只杯子中的水则会被气泡挤出去。

空气是由氮（约80％）和氧（约20％）以及其他少量水蒸气、氩和二氧化碳组成的混合物。

教你一招

空气是指地球大气层中的气体混合。它主要由78%的氮气、21%氧气，还有1%的稀有气体和杂质组成的混合物。空气的成分不是固定的，随着高度的改变、气压的改变，空气的组成比例也会改变。但是长期以来人们一直认为空气是一种单一的物质，直到后来法国科学家拉瓦锡通过实验首先得出了空气是有氧气和氮气组成的结论。19世纪末，科学家们又通过大量的实验发现，空气里还有氦、氩、氖等稀有气体。

在自然状态下空气是无味的。空气中的氧气对于所有需氧生物来说是必需的。所有动物需要呼吸氧气。此外植物利用空气中的二氧化碳进行光合作用，二氧化碳是近乎所有植物的唯一的碳的来源。

空气的成分

氮气是一种化学上非常惰性的气体。只有通过固氮它才进入氮循环，能够被生物所利用。生物的氨基酸需要氮。通过反硝化作用氮回到空气中。在技术上人们使用哈柏法将空气中的氮加工为肥料。固氮与反硝化作用基本上互相抵消，对空气中的氮的浓度没有影响。在深潜的过程中（潜水深度大于 60 米）压缩空气瓶中的氮会被氦代替，否则的话血液中溶的氮会导致氮麻醉。

氧是一种重要的氧化剂，它使得空气具有氧化的作用。几乎所有化学燃烧和生理呼吸都需要氧。空气中的氧是通过光合作用产生的。在整个地球历史中通过光合作用所产生的氧的总量约是今天空气中氧的总量的 20 倍。

氩是一种惰性气体。它基本上不参加化学反应。因此在焊接时氩用来当作保护气。此外由于它相对于空气而言导热性比较差，因此它也被用来作为窗玻璃之间的隔热气体。

按照空气湿度的不同空气中可以含 0 至 4% 体积比的水蒸气。一般空气中水蒸气的含量在 0.1% 体积比（极地）至 3% 体积比（热带）之间。地面附近的水蒸气平均含量为 1.3%。

空气成分的浓度是亚稳定的。在一个人活着的时间里它的变化非常小，但是它并不是自然常数。在地球历史上大气层不断发生变化，其组成成分曾经几度巨大的变化。现在大气层的组成是约 3.5 亿年前形成的。

目前，空气成分变化最大的是工业化开始后二氧化碳的成分增加了约 40%。有人认为人为的温室效应导致了全球变暖。

由于痕量气体的总量非常小，因此它们的变化幅度可以非常大，人的生产和其他自然现象（比如火山活动）就可以在短期导致其浓度的波动。

以上给出的数值基本上到100千米高度不变。但是由于不同高度大气化学的反应各不相同，因此在不同高度上尤其是痕量气体的浓度可以有很大的差别。在100千米以上重的气体的浓度下降。因此在高空氢和氦的浓度比在地面高得多，不过那里的空气密度也要低得多。

除以上列出的主要成分外空气里还包含少量甲烷、二氧化硫（7千米以上骤减）、一氧化碳和臭氧。其他痕量气体包括：氟仿、过氧乙酰硝酸酯、二氧化氯、氮氧化物、二氧化硫、氡、汞。

二氧化碳最重要的生理作用在于为光合作用提供碳，因此空气中二氧化碳的含量对植物的生长影响很大。由于植物光合作用随光的存在而开始或者停止，因此地面附近的二氧化碳的浓度周日起伏。在植被丰富的地方地面附近的二氧化碳的浓度在白天最低，夜间最高。此外除热带外地面附近的二氧化碳的浓度还随季节起伏。在北半球3—4月其浓度最高，10月或11月最低。人的活动也会影响地面附近的二氧化碳的浓度。比如冬季随着取暖的开始二氧化碳的浓度提高。

衡量臭氧浓度的是多布森单位，而不是其浓度，原因是因为臭氧是一种非常活跃的气体，它能很快形成，很快分解，它的浓度随高度、天气、温度、其他物质的存在和时间变化很大。

一氧化碳是一种无色的易燃毒气。它由不完全燃烧而产生。在血液中它可以更容易与红细胞结合，进而阻止氧的运输而令人致死，对进行光合作用的植物它也有危害。未经处理的汽车废气中含约4%的一氧化碳。空气中一氧化碳的主要来源是植物燃烧。

空气的物理特性

密度在标准状况下空气密度为1.293kg/m³。

压力气压是位于一个地点上方空气受地球引力导致的静态的重力造成的压力。气压除根据测量高度变化外还受温度和空气动力的影响。在海平面一平方米上的空气压力约为10000千克。

温度气温是指地面附近空气在不受太阳辐射加热或者地面热源加热的情况下的温度。不同应用对于气温的定义不一样。在气象学中气温被定义为地面以上两米高处的温度。

湿度湿度是水蒸气在空气中的成分。

其他在标准状态下空气的声速为331.5m/s。

干燥空气的摩尔质量为28.9634g/mol。

在标准状态下空气对可见光的折射率约为1.00029。它随气压、气温和空气成分变化。尤其湿度对折射率的影响比较大，相应地光速在空气中也随之改变。

比热容：= 1.005 kJ/（kg K）

= 0.279 kWh/（Tonne K）（等压过程）

= 0.718 kJ/（kg K）

= 0.199 kWh/（Tonne K）（等体过程）

不含水蒸气的空气被称为干空气。干空气的气体常数为2.8704×10^{6}erg g^{-1} K^{-1}，平均分子量 $=28.966$g mol^{-1}，定压比热 $=7R/2=0.240$ cal g^{-1} K^{-1}，干空气定容比热 $=5R/2=0.171$ cal g^{-1} K^{-1}。

空气的文化内涵

古希腊哲学中的四元素说将空气列为世界万物的基本组成部分之一，与空气相应的正多面体是正八面体。

古代中国将空气写成"空炁"，道教谓之元气、清气。

宋代苏轼在《龙虎铅汞论》中将其形容为："方调息时，则漱而烹之，须满口而后嚥。若未满，且留口中，候后次，仍以空气送至丹田，常以意养之。"明代屠隆在《彩毫记·仙官列奏》中的记载："大道宗虚无，至真合溟涬。手把入空炁，趺霞蹋浮景。"

近现代，将空气形容为弥漫于地球周围的混合气体，主要成分是氮、氧等元素，例如巴金在《利娜》中写道："只有一面铁格子小窗，放进来一点空气。"

空气被指为气氛，例如：刘半农的《拟装木脚者语》诗云："他们欢笑的忙，跳舞的忙，把世界上最快乐的空气，灌满了这小客店里的小客堂。"巴金《寒夜》十二："空气立刻紧张起来。"

空气被指为舆论、消息或谣言，例如瞿秋白在《饿乡纪程》（十一）中写道："哈尔滨得空气，满洲里得事实，赤塔得理论，再往前去，感受其实际生活。"曹禺在《日出》第二幕中写道："也许这是空户们要买进，故意造出的空气？"

空气还被形容为不被重视、忽视、忽略、若有若无，例如："你把我当空气啊！"

空气的空间

空气占据着看起来是空荡着的空间，可以把一张纸或一条毛巾放到水下，却使它不湿。

材料：一只透明的玻璃杯；纸（如砂纸，信纸）；大容器或盛满水的水槽；水桶——任选；比水桶直径略长的木棍；手巾；浴盆；池塘或装满水的大水槽。

步骤：

1.把一张纸揉皱后，塞入一只玻璃杯的底部。

2.把玻璃杯倒过来，垂直按入水底，纸会湿吗？为什么不湿呢？如果你把杯口朝上，把杯子放入水中，会出现什么情况？

3.变化：你能用一根小棍，把一条手巾卡入水桶里，然后做与上面相同的活动吗？

话题：空气

空气占据着空间，也就是说其他东西不能同时占据它的空间。许多气候现象就是由于两大团温度、压力和湿度不同的空气为争夺大气层中的同一空间而产生的。在这个活动里，空气占据了杯子中的空间，它的作用就像是水和纸之间一堵看不见的墙一样。

"雷达"（Radar）是二战以来用来描述在大气层中用无线电探测和搜索物体的技术和设备的词头缩写。就像从手电中发出的光束能够照出黑暗中的物体一样，雷达也是用来探测物体的。不过雷达不仅能在白天，而且还可以在夜晚透过厚厚的云层，以比光束远得多的距离进行探测。气象雷达被用于探测、定位和计量云中的雨量，气象雷达发射出一道微波穿过云雾，当它撞到凝结的蒸气微粒，如雨点、雪花或冰雹时，一些能量便会被向回散射，像"回音"一样被雷达或天线收到。

教你一招

雷达的概念形成于 20 世纪初。雷达是英文 radar 的音译，为 Radio Detection And Ranging 的缩写，意为无线电检测和测距的电子设备。它利用电磁波探测目标的电子设备。发射电磁波对目标进行照射并接收其回波，由此获得目标至电磁波发射点的距离、距离变化率（径向速度）、方位、高度等信息。

各种雷达的具体用途和结构不尽相同，但基本形式是一致的，包括：发射机、发射天线、接收机、接收天线，处理部分以及显示器。还有电源设备、数据录取设备、抗干扰设备等辅助设备。

雷达所起的作用和眼睛和耳朵相似，当然，它不再是大自然的杰作，同时，它的信息载体是无线电波。事实上，不论是可见光或是无线电波，在本质上是同一种东西，都是电磁波，传播的速度都是光速C，差别在于它们各自占据的频率和波长不同。其原理是雷达设备的发射机通过天线把电磁波能量射向空间某一方向，处在此方向上的物体反射碰到的电磁波；雷达天线接收此反射波，送至接收设备进行处理，提取有关该物体的某些信息（目标物体至雷达的距离，距离变化率或径向速度、方位、高度等）。

测量距离实际是测量发射脉冲与回波脉冲之间的时间差，因电磁波以光速传播，据此就能换算成目标的精确距离。

测量目标方位是利用天线的尖锐方位波束测量。测量仰角靠窄的仰角波束测量。根据仰角和距离就能计算出目标高度。

测量速度是雷达根据自身和目标之间有相对运动产生的频率多普勒效应原理。雷达接收到的目标回波频率与雷达发射频率不同，两者的差值称为多普勒频率。从多普勒频率中可提取的主要信息之一是雷达与目标之间的距离变化率。当目标与干扰杂波同时存在于雷达的同一空间分辨单元内时，雷达利用它们之间多普勒频率的不同能从干扰杂波中检测和跟踪目标。

最早用于搜索雷达的电磁波波长度为23厘米，这一波段被定义为L波段（英语Long的字头），后来这一波段的中心波长度变为22厘米。当波长为10厘米的电磁波被使用后，其波段被定义为S波段（英语Short的字头，意为比原有波长短的电磁波）。

在主要使用3厘米电磁波的火控雷达出现后，3厘米波长的电磁波被称为X波段，因为X代表坐标上的某点。

　　为了结合X波段和S波段的优点，逐渐出现了使用中心波长为5厘米的雷达，该波段被称为C波段（C即Compromise，英语"结合"一词的字头）。

　　在英国人之后，德国人也开始独立开发自己的雷达，他们选择1.5厘米作为自己雷达的中心波长。这一波长的电磁波就被称为K波段（K＝Kurtz，德语中"短"的字头）。

　　"不幸"的是，德国人以其日耳曼民族特有的"精确性"选择的波长可以被水蒸气强烈吸收。结果这一波段的雷达不能在雨中和有雾的天气使用。战后设计的雷达为了避免这一吸收峰，通常使用频率略高于K波段的Ka波段（Ka，即英语K–above的缩写，意为在K波段之上）和略低（Ku，即英语K–under的缩写，意为在K波段之下）的波段。

　　最后，由于最早的雷达使用的是米波，这一波段被称为P波段（P为Previous的缩写，即英语"以往"的字头）。

　　该系统十分烦琐、而且使用不便。终于被一个以实际波长划分的波分波段系统取代，这两个系统的换算如下：

原P波段＝现 A/B 波段

原L波段＝现 C/D 波段

原S波段＝现 E/F 波段

原C波段＝现 G/H 波段

原X波段＝现 I/J 波段

原K波段＝现 K 波段

　　雷达的优点是白天黑夜均能探测远距离的目标，且不受雾、云和雨的阻挡，具有全天候、全天时的特点，并有一定的穿透能力。因此，它不仅成为军事上必不可少的电子装备，而且广泛应用于社会经济发展（如气象预报、资源探测、环境监测等）和科学研究（天体研究、大气物理、电离层结构研究等）。星载和机载合成孔径雷达已经成为当今遥感中十分重要的传感器。以地面为目标的雷达可以探测地面的精确形状。其空间分辨力可达几米到几十米，且与距离无关。雷达在洪水监测、海冰监测、土壤湿度调查、森林资源清查、地质调查等方面显示了很好的应用潜力。

雷达的种类繁多，分类的方法也非常复杂。通常可以按照雷达的用途分类，如预警雷达、搜索警戒雷达、引导指挥雷达、炮瞄雷达、测高雷达、战场监视雷达、机载雷达、无线电测高雷达、雷达引信、气象雷达、航行管制雷达、导航雷达以及防撞和敌我识别雷达等。

按照雷达信号形式分类，有脉冲雷达、连续波雷达、脉部压缩雷达和频率捷变雷达等。

按照角跟踪方式分类，有单脉冲雷达、圆锥扫描雷达和隐蔽圆锥扫描雷达等。

按照目标测量的参数分类，有测高雷达、二坐标雷达、三坐标雷达和敌我识对雷达、多站雷达等。

按照雷达采用的技术和信号处理的方式有相参积累和非相参积累、动目标显示、动目标检测、脉冲多普勒雷达、合成孔径雷达、边扫描边跟踪雷达。

按照天线扫描方式分类，分为机械扫描雷达、相控阵雷达等。

按雷达频段分，可分为超视距雷达、微波雷达、毫米波雷达以及激光雷达等。

雷达的历史

1842年多普勒（Christian Andreas Doppler）率先提出利用多普勒效应的多普勒式雷达。

1864年马克斯威尔（James Clerk Maxwell）推导出可计算电磁波特性的公式。

1886年赫兹（Heinerich Hertz）展开研究无线电波的一系列实验。

1888年赫兹成功利用仪器产生无线电波。

1897年汤普森（JJ Thompson）展开对真空管内阴极射线的研究。

1906年德弗瑞斯特（De Forest Lee）发明真空三极管，是世界上第一种可放大信号的主动电子元件。

1916年马可尼（Marconi）和富兰克林（Franklin）开始研究短波信号反射。

1917年罗伯特·沃特森·瓦特（Robert Watson-Watt）成功设计雷暴定位装置，它宣告了雷达的诞生。

1922年马可尼在美国电气及无线电工程师学会（American Institutes of Electrical and Radio Engineers）发表演说，题目是可防止船只相撞的平面角雷达。

1922年美国泰勒和杨建议在两艘军舰上装备高频发射机和接收机以搜索敌舰。

1924年英国阿普利顿和巴尼特通过电离层反射无线电波测量赛层（Ionosphere）的高度。美国布莱尔和杜夫用脉冲波来测量亥维塞层。

1925年贝尔德（John L. Baird）发明机动式电视（现代电视的前身）。

1925年伯烈特（Gregory Breit）与杜武（Merle Antony Tuve）合

作，第一次成功使用雷达，把从电离层反射回来的无线电短脉冲显示在阴极射线管上。

1931年美国海军研究实验室利用拍频原理研制雷达，开始让发射机发射连续波，三年后改用脉冲波。

1935年法国古顿研制出用磁控管产生16厘米波长的撧习窖捌鯒，可以在雾天或黑夜发现其他船只。这是雷达和平利用的开始。

1936年1月英国W.瓦特在索夫克海岸架起了英国第一个雷达站。英国空军又增设了五个，它们在第二次世界大战中发挥了重要作用。

1937年马可尼公司替英国加建20个链向雷达站。

1937年美国第一个军舰雷达XAF试验成功。

1937年瓦里安兄弟（Russell and Sigurd Varian）研制成高功率微波振荡器，又称速调管（klystron）。

1939年布特（Henry Boot）与兰特尔（John T. Randall）发明电子管，又称共振穴磁控管（resonant-cavity magnetron）。

1941年苏联最早在飞机上装备预警雷达。

1943年美国麻省理工学院研制出机载雷达平面位置指示器，可将运动中的飞机柏摄下来，他发明了可同时分辨几十个目标的微波预警雷达。

1944年马可尼公司成功设计、开发并生产"布袋式"（Bagful）系统，以及"地毡式"（Carpet）雷达干扰系统。前者用来截取德国的无线电通讯，而后者则用来装备英国皇家空军（RAF）的轰炸机队。

1945年二次大战结束后，全凭装有特别设计的真空管——磁控管的雷达，盟军得以打败德国。

1947年美国贝尔电话实验室研制出线性调频脉冲雷达。

50年代中期美国装备了超距预警雷达系统，可以探寻超音速飞机。不久又研制出脉冲多普勒雷达。

1959年美国通用电器公司研制出弹道导弹预警雷达系统，可发跟踪3000英里外，600英里高的导弹，预警时间为20分钟。

1964年美国装置了第一个空间轨道监视雷达，用于监视人造地球卫星或空间飞行器。

1971年加拿大伊朱卡等3人发明全息矩阵雷达。与此同时，数字雷达技术在美国出现。

1993年美国曼彻斯特市德雷尔·麦吉尔发明了多塔查克超智能雷达。

空气有多重

充满空气的气球和被戳破的气球重量一样吗？空气可能看起来什么也没有，但实际上它是有重量的。

材料：两只相同的气球；测量尺；胶带；绳子；锐利的物体。

步骤：

1.把两只气球吹大到相同的体积。

2.将气球分别粘在量尺的两端。

3.将绳子的一端系在量尺的中央，握住绳子的另一端（或把它绑在或贴在木棒上吊起），使量尺处于水平状态，两只气球保持平衡。

4.如果把一只气球戳破，会产生什么现象？气球仍会保持平衡吗？为什么呢？

5.把一只气球戳破，量尺粘有被戳破气球的一端会升高，吹起的气球里有空气，使它要比戳破的气球重。

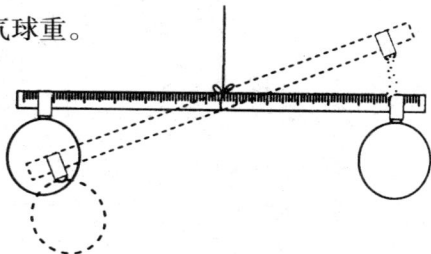

话题：空气　测量

空气的重量主要取决于温度。空气的温度越高，分子之间的距离就越大，因此重量就越小，许多气候现象是由于暖轻空气上升和冷重空气下降引起的，前者经常会形成云，而后都通常会使云层散开。

如果你称量房子里一个房间内所有空气的重量，会有70公斤重，这相当于一个成人的重量。

教你一招

霜的形成

在寒冷季节的清晨，草叶上、土块上常常会覆盖着一层霜的结晶。它们在初升起的阳光照耀下闪闪发光，待太阳升高后就融化了。人们常常把这种现象叫"下霜"。翻翻日历，每年10月下旬，总有"霜降"这个节气。我们看到过降雪，也看到过降雨，可是谁也没有看到过降霜。其实，霜不是从天空降下来的，而是在近地面层的空气里形成的。

霜是一种白色的冰晶，多形成于夜间。少数情况下，在日落以前太阳斜照的时候也能开始形成。通常，日出后不久霜就融化了。但是在天气严寒的时候或者在背阴的地方，霜也能终日不消。

霜本身对植物既没有害处，也没有益处。通常人们所说的"霜害"，实际上是在形成霜的同时产生的"冻害"。

霜的形成不仅和当时的天气条件有关，而且与所附着的物体的属性也有关。当物体表面的温度很低，而物体表面附近的空气温度却比较高，那么在空气和物体表面之间有一个温度差，如果物体表面与空气之间的温度差主要是由物体表面辐射冷却造成的，则在较暖的空气和较冷的物体表面相接触时空气就会冷却，达到水汽过饱和的时候多余的水汽就会析出。如果温度在0℃以下，则多余的水汽就在物体表面上凝华为冰晶，这就是霜。因此霜总是在有利于物体表面辐射冷却的天气条件下形成。

另外，云对地面物体夜间的辐射冷却是有妨碍的，天空有云不利于霜的形成，因此，霜大都出现在晴朗的夜晚，也就是地面辐射冷却强烈的时候。

此外，风对于霜的形成也有影响。有微风的时候，空气缓慢地流过冷物体表面，不断地供应着水汽，有利于霜的形成。但是，风大的时候，由于空气流动得很快，接触冷物体表面的时间太短，同时风大的时候，上下层的空气容易互相混合，不利于温度降低，从而也会妨碍霜的形成。大致说来，当风速达到3级或3级以上时，霜就不容易形成了。

因此，霜一般形成在寒冷季节里晴朗、微风或无风的夜晚。

霜的形成，不仅和上述天气条件有关，而且和地面物体的属性有关。霜是在辐射冷却的物体表面上形成的，所以物体表面越容易辐射散热并迅速冷却，在它上面就越容易形成霜。同类物体，在同样条件下，假如质量相同，其内部含有的热量也就相同。如果夜间它们同时辐射散热，那么，在同一时间内表面积较大的物体散热较多，冷却得较快，在它上面就更容易有霜形成。这就是说，一种物体，如果与其质量相比，表面积相对大的，那么在它上面就容易形成霜。草叶很轻，表面积却较大，所以草叶上就容易形成霜。另外，物体表面粗糙的，要比表面光滑的更有利于辐射散热，所以在表面粗糙的物体上更容易形成霜，如土块。

霜的消失

霜的消失有两种方式：一是升华为水汽，一是融化成水。最常见的是日出以后因温度升高而融化消失。霜所融化的水，对农作物有一定好处。

霜的出现，说明当地夜间天气晴朗并寒冷，大气稳定，地面辐射降温强烈。这种情况一般出现于有冷气团控制的时候，所以往往会维持几天好天气。我国民间有"霜重见晴天"的谚语，道理就在这里。

压力下的空气

通过纸条向内合拢，杯子"粘"在气球上，水不从倒置的杯中流出来等现象，来研究空气的压力。

材料：纸；剪刀；气球；纸的、塑料的或泡沫的杯子；玻璃杯；一块纸板或硬纸片（约15厘米×15厘米）；水。

步骤：

1.纸条：剪两个22厘米×3厘米的纸条，每手拿一张纸条，使其相对地放到嘴前，纸条间距约12厘米。向两个纸条间平缓地吹气，会出现什么现象？为什么会这样呢？

2.气球和杯子：把一个气球吹到其最大体积的1／3大。拿两个纸的、塑料的或泡沫的杯子贴到气球上，然后继续把气球吹大，你能往一个气球上贴多少个杯子？

3.颠倒的玻璃杯：把一个水杯的约3／4倒满水。把杯子的边缘润湿，在上面放一块纸板。压住纸板，使其紧贴杯口（注意不要让纸板和杯子之间产生气泡），再把杯子倒过来，轻

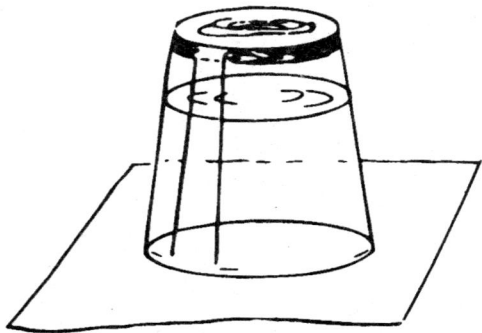

轻松开压纸板的手，要试几次才能使水不流出来？如果把杯子倾斜，会发生什么情况呢？

话题：空气　飞行

空气的压力对天气变化有很大影响，气压时常发生轻微、暂时的变化。例如：当某一地区的气温下降时，空气分子便会聚集到一块，使当地的气压升高；当气温回升时，空气分子便散开，气压又会降低，这些细微的变化通常不会使天气发生大的改变。由大的低、高气压区的运动而引起的大的气压变化，则会使晴天变成雨天。

在纸条实验中，向两张纸条间吹气会降低它们中间的气压（流动的空气比静止的空气气压低），周围的高气压会使纸片向一起合拢。在气球与杯子的活动中，杯外气压比杯内的气压高，因此杯子被"推到"气球上，并能"粘住"。在颠倒的杯子活动中，水不流出杯子是因为外面空气对纸杯施加的压力比水对纸杯施加的压力大。

教你一招

气压是作用在单位面积上的大气压力，即等于单位面积上向上延伸到大气上界的垂直空气柱的重量。著名的马德堡半球实验证明了它的存在。气压的国际制单位是帕斯卡，简称帕，符号是Pa。

气体压强的定义：在任何表面的单位面积上空气分子运动所产生

的压力。公式为：p=F/S。气压以百帕（hPa）为单位，取一位小数。

标准大气压，表示气压的单位，习惯上常用水银柱高度。例如，一个标准大气压等于760毫米高的水银柱的重量，它相当于一平方厘米面积上承受1.0336公斤重的大气压力。由于各国所用的重量和长度单位不同，因而气压单位也不统一，这不便于对全球的气压进行比较分析。因此，国际上统一规定用"百帕"作为气压单位。经过换算：

一个标准大气压=1.013*10^5帕（毫巴）

1毫米水银（汞柱）柱高=4/3百帕（毫巴）

1个标准大气压=760毫米水银（汞柱）柱高

从分子动理论可知，气体的压强是大量分子频繁地碰撞容器壁而产生的。单个分子对容器壁的碰撞时间极短，作用是不连续的，但大量分子频繁地碰撞器壁，对器壁的作用力是持续的、均匀的，这个压力与器壁面积的比值就是压强大小。

气压的测量方法

气象上常用的测定仪器有液体（如水银）气压表和固体（如金属空盒）气压表两种。气压记录是由安装在温度少变，光线充足的气压室内的气压表或气压计测量的，有定时气压记录和气压连续记录。人工目测的定时气压记录是采用动槽式或定槽式水银气压表测量的，基本站每日观测4次，基准站每日观测24次。气压连续记录和遥测自动观测的定时气压记录采用的是金属弹性膜盒作为感应器而记录的，可获得任意时刻的气压记录。采用这些仪器测量的是本站气压，根据本站海拔高度和本站气压、气柱温度等参数可以计算出海平面气压。

气压以百帕为单位，取小数一位；有的也以毫米水银柱高度为单位，取小数两位。毫米与百帕的换算关系是：

1百帕=0.750069毫米（水银柱高度）≈3/4毫米（水银柱高度）

1毫米=1.333224百帕≈4/3百帕

我国的气压观测在1953年及以前采用的是以毫米水银柱高度记录的，1954年及以后是以百帕记录的，两种记录合并使用时，须换算为同一种单位。

气压的计算方法

通常有平衡条件法和牛顿运动定律法

（公式只是粗略计算 而且有时测的值不准，一切都应以实际为准）。

1.在托里拆利测出了气压后，人们通过公式p=F/S，求出了在单位面积上的空气有多少的质量。再套用空气的密度，求出体积，再除以质量，即可知道地面至大气圈顶部的距离。

2.已知：气体体积、物质的量、绝对温度时，可用公式PV=nRT求出气体压强（其中R是常数，R=8.314帕·米3/摩尔·K或R=0.0814大气压·升/摩尔·K）。这个公式还有变形公式：

pV=mRT/M

p=RT/M。

3.p=p水银gh【水银密度*9.8*水银柱高=标准大气压】

单位换算：

1MPa（兆帕）=1000kPa（千帕）

=1000000Pa（帕斯卡）

1bar（巴）=0.1MPa

1atm（标准大气压）=0.1013MPa

=1.013bar

=760mmHg

=10.33mH_2O

1kgf/cm2（工程公斤力）=0.981bar

=0.0981Mpa

1psi（Lb/in2）=0.07031kgf/cm2

=0.06893 bar

=6.893kpa

1MPa=145psi

Psi（lb/in2）磅/平方英寸，常用在欧美等英语区国家的产品参数上，通常在行业说的"公斤"是指"bar"。

影响压强的因素

气压的大小与海拔高度、大气温度、大气密度等有关，一般随高度升高按指数律递减。气压有日变化和年变化。一年之中，冬季比夏季气压高。一天中，气压有一个最高值、一个最低值，分别出现在9-10时和15-16时，还有一个次高值和一个次低值，分别出现在21-22时和3-4时。气压日变化幅度较小，一般为0.1-0.4千帕，并随纬度增高而减小。气压变化与风、天气的好坏等关系密切，因而是重要气象因子。通常所用的气压单位有帕（Pa）、毫米水银柱高（mm·Hg）、毫巴（mb）。它们之间的换算关系为：100帕=1毫巴≈3/4毫米水银柱高。气象观测中常用的测量气压的仪器有水银气压表、空盒气压表、气压计。温度为0℃时760毫米垂直水银柱高的压力，标准大气压最先由意大利科学家托里拆利测出。

1640年10月的一天，万里无云，在离佛罗伦萨集市广场不远的一口井旁，意大利著名科学家伽利略在进行抽水泵实验。他把软管的一端放到井水中，然后把软管挂在离井壁三米高的木头横梁上，另一端则连接到手动的抽水泵上。抽水泵由伽利略的两个助手拿着，一个是富商的儿子32岁，志向远大的科学家托里拆利，另一个是意大利物理学家巴利安尼（Giovanni Baliani）。

托里拆利和巴利安尼摇动抽水泵的木质把手，软管内的空气慢慢被抽出，水在软管内慢慢上升。抽水泵把软管吸得像扁平的饮料吸管，这是不论他们怎样用力摇动把手，水离井中水面的高度都不会超过9.7米。每次实验都是这样。

伽利略提出：水柱的重量以某种方式使水回到那个高度。

1643年，托里拆利又开始研究抽水机的奥妙。根据伽利略的理论，重的液体也能达到同样的临界重量，高度要低得多。水银的密度是水的13.5倍，因此，水银柱的高度不会超过水柱高度的1/13.5，即大约30英寸。

托里拆利把6英尺长的玻璃管装上水银，用软木塞塞住开口段。他把玻璃管颠倒过来，把带有木塞的一端放进装有水银的盆子中。正如他所预料的一样，拔掉木塞后，水银从玻璃管流进盆子中，但并不是全部水银都流出来。

托里拆利测量了玻璃管中水银柱的高度，与他料想的一样，水银柱的高度是30英寸。然而，他仍在怀疑这一奥秘的原因与水银柱上面的真空有关。

第二天，风雨交加，雨点敲打着窗子，为了研究水银上面的真空，托里拆利一遍遍地做实验。可是，这一天水银柱只上升到29英寸的高度。

托里拆利困惑不解，他希望水银柱上升到昨天实验时的高度。两个实验有什么不同之处呢？雨点不停地敲打着玻璃，他陷入沉思之中。

一个革命性的新想法在托里拆利的脑海中闪现。两次实验是在不同的天气状况下进行的，空气也是有重量的。抽水泵奥秘的真相不在于液体重量和它上面的真空，而在于周围大气的重量。

托里拆利意识到：大气中空气的重量对盆子中的水银施加压力，这种力量把水银压进了玻璃管中。玻璃管中水银的重量与大气向盆子中水银施加的重量应该是完全相等的。

大气重量改变时，它向盆子中施加的压力就会增大或减少，这样就会导致玻璃管中水银柱升高或下降。天气变化必然引起大气重量的变化。

托里拆利发现了大气压力，找到了测量和研究大气压力的方法。

测量气压的仪器，最常见的有 水银气压表和空盒气压表两种。也是比较准确的几种仪器。

在三个世纪以前，德国的马德堡市曾公开做了一个实验，市长，发明抽气机的奥托·格里克将两个直径为37厘米的空心铜半球合起来，使之密不漏气，然后用抽气机把铜球里的空气抽掉。在每个半球的环上各拴上四匹壮马同时向相反方向拉，两个半球无法分开。最后，用了20匹大马，随着一声巨响铜球才一分为二。

这就是著名的马德堡半球实验。该实验说明，空气不仅是有压力的，而且这个压力还很大。一个成年人的身体表面积平均为2平方米，他全身所受的大气压力为20万牛顿。

气压即大气压强。空气是有重量的，气压是指大气施加于单位面积上的力。所谓某地的气压，就是指该地单位面积垂直向上延伸到大气层顶的空气柱的总重量。

气象上常用百帕做为气压的度量单位。具体是这样规定的：把温度为0℃、纬度为45度的海平面作为标准情况时的气压，称为1个大气压，其值为760毫米水银柱高，或相当于1013.25百帕。

大气具有重量，并且向我们施加压力，这是一件非常简单并且似乎显而易见的现象。然而，人们却感觉不到。气压已经成为你生活中的一部分，所以你意识不到它。早期的科学家也是这样，他们从来都没有考虑到空气和大气层有重量。

托里拆利的发现是正式研究天气和大气的开端，让我们开始了解大气层，为牛顿和其他科学家研究重力奠定了基础。

这一新发现同时使托里拆利创立了真空的概念，发明了气象研究的基本仪器——气压计。

气压对健康的影响

气压对人体健康的影响，概括起来分为生理的和心理的两个方面。

气压对人体生理的影响主要是影响人体内氧气的供应。人每天需要大约750毫克的氧气，其中20%为大脑耗用，因脑需氧量最多。当自然界气压下降时，大气中氧分压、肺泡的氧分压和动脉血氧饱和度都随之下降，导致人体发生一系列生理反应。以从低地登到高山为例，因为气压下降，机体为补偿缺氧就加快呼吸及血循环，出现呼吸急促，心率加快的现象。由于人体（特别是脑）缺氧，还出现头晕、头痛、恶心、呕吐和无力等症状，甚至会发生肺水肿和昏迷，这叫高山反应。

同时，气压还会影响人体的心理变化，主要是使人产生压抑情绪。例如，低气压下的阴雨和下雪天气、夏季雷雨前的高温湿闷天气，常使人抑郁不适。而当人感到压抑时，自律神经（植物神经）趋向紧张，释放肾上腺素，引起血压上升、心跳加快、呼吸急促等。同时，皮质醇被分解出来，引起胃酸分泌增多、血管易发生梗塞、血糖值急升等。

另外，月气压最低值与人口死亡高峰出现有密切关系。有学者研究了72个月的当月气压最低值，发现48小时内共出现死亡高峰64次，出现概率高达88.9%。

运动中的空气

暖空气作上升运动，空气也从高气压区向低气压区移动。空气的运动就形成风，利用流动的空气来给气球充气，然后对气流进行测试。

材料： 塑料瓶；气球；水桶或洗涤槽；热水；厚度不同的纸张；剪刀；线。

步骤：

1.充气球：把塑料瓶放入冰箱中，使其冷下来。将一气球吹起，再放掉气，使其松弛，把气球套在塑料瓶口上，把气球和塑料瓶放入装满热水的桶或洗涤池中。看看气球发生了什么变化？为什么？然后把气球和塑料瓶放入冰箱中，又发生了什么变化？为什么？

2.测气螺旋：剪一个直径为10—15厘米的圆形纸片，在中心处打一个眼，如图所示，将纸片剪成螺旋，把线打个结，用其将纸螺旋悬起。利用测气螺旋找出上升暖气流，若俯视该螺旋，则当它顺时针旋转时，表明有上升气流，将测气螺旋拎到合适的地方不动，观察30秒。找到下降气流了吗？将螺旋悬于已经亮了一段时间灯的地方，过一会儿看看有没有下降气流（当螺旋逆时针方向转时，表明有下降气流)？将螺旋悬于靠近地面处，然后尽可能将其提高。比较两种条件下，螺旋旋转的情况，用厚薄不同的纸及圈数不同的螺旋依次实验，找出测气螺旋的最佳设计方案。

话题：空气 物质的状态

空气分子发热，运动速度就会加快，空气就会膨胀（占据更大空间）。在"充气球"的实验中，热水使瓶中空气受热、膨胀，移动到气球中，结果气球就膨胀起来。瓶中空气遇冷，气球就缩小了。由于空气在封闭容器中膨胀时，气压升高（在大气中，空气不受限制，因此膨胀时，分子间距增大，造成低气压）。空气从高气压处移向低气压处。例如：空气从气球中冲出，是由于气球内的气压比气球外的气压更高，运动着的空气，就是风。两地气压差越大，风就越强。

热空气上升，冷空气下降，当受热空气（如由于与温度越高的地面接触）上升时，就产生了上升气流。冷空气（如：空气在低温高空处冷却）下降，就产生下沉气流，测气螺旋能帮我们测出周围的气流。地区间存在温差的空气大范围内的运动，是天气形成的一个重要因素，在某一地域，气流也会因地点及一天中时间的不同而发生变化。

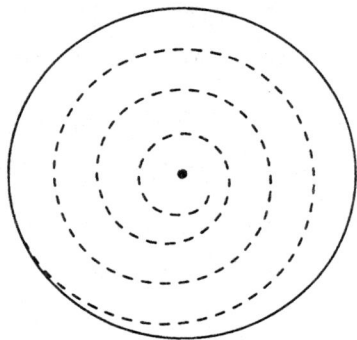

教你一招

流动的空气称为气流。空气流过物体或物体在空气中运动时，空气对物体的作用力称为空气动力。

气流的特性

1.可逆性原理

物体在静止的空气中运动或气流流过静止的物体，如果两者相对速度相等，物体上 所受的空气动力完全相等。

一般在研究，分析和实验时，采用气流流过物体的方法较为直观和简单。根据此原 理只要相对速度相等，它的结果与物体在空气中运动时所受的空气动力就一样。

2.连续性定理

这是描述流速与气流截面关系的定理。气流稳定地流过直径变化的管子时，每秒流入多少空气，也流出等量的空气。所以管径粗处的气流速度较小，而管径细处较大。可用下式表示。

$S_1V_1=S_2V_2=$常数

公式中：S代表管子截面积，V代表流速。

3.伯努利定理

是能量不灭定理在空气动力学中的应用，它描述空气动压、静压和总压之间的关系。

$1/2\rho v_1^2+p_1=1/2\rho v_2^2+p_2=p_0$（常数）

公式中：$1/2\rho v^2$代表动压，p代表静压，p0代表总压。

流体在截面较大处（Ⅰ）仍流速较小，动压较小，静压较大，而在截面较小处（Ⅱ）流速较大，动压较大，静压较小。

气流的成因

一、什么叫气流

简单地说，气流就是空气的上下运动，向上运动的空气叫作上升气流，向下运动的空气叫作下降气流。上升气流又分为动力气流和热力气流、山岳波等多种类型，滑翔伞一般利用动力上升气流和热力上升气流两种来完成滞空、盘升和长距离越野飞行。

二、气流的生成

气流的生成，非常复杂，热力气流的生成受各种天气、温度、湿度，空气温度递减率、地表温差、气压、等数据影响。一般来说，空气温度递减率越大、日照越充足、空气越干燥，热力气流的形成就越好。

三、气流的特点

1.气流的惰性

气流往往走的是最短最近的途径。它是有惰性的，在参差不齐的山上，一直依赖于一个依托物爬升，如果是平地，没有激发物，它就趴着，向水平方向运动。

2.气流的释放点

在水平运动状态的气流如果遇到激发物，就沿着障碍物爬升，一直走到障碍物的最顶端，依赖于山的最高点，所以一段山形最高点的上方空域（山额），往往是气流的释放点。我们如果把山比作一个不规则的冰块，把冰块倒过来，水滴下来的位置是冰块最尖点，倒转回来，这就是气流的释放点。因而起飞前先要仔细判断山形，根据山体的起伏形态找到气流的激发点来制定飞行航线，这种方法可以使飞行员在越野过程中找到接续气流的点，利用它盘升高度，然后继续飞行。

3.根据场地判断气流

在群山环抱的场地中，气流出现的情况一般整幅连绵的山体来得复杂，所以起飞前一定 根据不同的场地仔细判断。

对于山窝里的气流，一般来说，正迎风的情况下，气流在山窝里流速会比沟外的强，如果风力稳定持续的话，这样的动力气流可以利用；但是千万注意，在侧风的情况下，要防止假风和山窝里的回旋气流，这时的山沟里就绝对不能去。因为侧风的情况下山窝里会产生假象的上升气流和风力回旋，表面上高度表报告进入上升气流，但那有可能是风力回旋造成的假性上升，附近马上就会有一个向下的力，容易产生折翼等危险。

在整个山系有不同落差或风层走廊的情况下，要特别注意切力风层的出现。有时在某段高度内有时会出现两个速度不等、方向不同的切风，导致整个伞翼旋转或拍击，在这个情况下，如果高度足够的话，应尽快逃离；或主动失去一部分高度，脱离风层切面。

四、热力气流和动力气流的区别

（一）动力上升气流，就是水平运动的风在遇到山或者障碍物激发时，改变运动方向而形成的向上运动的气流，它的强弱大小受障碍物的大小以及风力大小的影响。

动力气流的特点是：

1.在迎风的山坡，风力稳定持续的话，动力气流应该是一样持续稳定的。

2.障碍激发物（山体）越高、坡度越陡、风力越大、动力上升气流就越强，上升区域就会增加。

3.完整山体的宽度越大，上升的速度和动力气流的幅面也越大。

4.动力上升气流的高度是有限的，它的高度一般可以超过山的高度的1/3左右。

利用动力上升气流可以使滑翔伞达到滞空和盘升的目的。寻找动力气流，要在坡度比较陡、山形完整的的迎风面，这样的情况上升速率是一样的。

（二）热力上升气流，是受日照、气压、温度、风力等气象条件和地形条件的影响形成的上升气流，它的高度可以从几百米到几千米，它的速率可以从几米至几十米/秒，所以在同一个场地，而天气条件下不一样的情况下，飞行所遇到的热力上升气流也不一样。在气象条件比较好的情况下滑翔伞可以利用上升速率在10米/秒的热力上升气流飞得很高很远。

由于地表热容量的不同，吸收热量的不同，热力气流就不同。举例来说，砂石吸收的热量最少，最容易饱和，但这时候日照还是继续，于是把多余的热量辐射给周围的空气，把周围的空气加热，所以沙漠、山石、裸露在阳光下的干燥地表等上空形成热力气流的机会很大；而有水、草地、湿润的地区受阳光照射后形成热力气流则比较慢，因为需要的热量很大，周围的空气都是冷的，它需要热量来蒸发水分，热力气流向上走的时候，两边的气流来不足，对它造成压力，从而形成相对意义上的下降气流；还有一种黄昏时的特殊热力回吐气流（俗称傻瓜气流），由于水面吸收了一天的阳光照射，在黄昏太阳落山前后，岩石等干燥地表迅速失温，而水面蕴涵的热力却依然强盛，热容比相对比较大，造成水面上是上升气流，而干燥的岩石地面上空却是下降气流的奇特现象。

风轮转转转

风本身也许是看不见的，但它做的事，却是能看到的。这个旋转纸盘能够使风"显形"，很好玩的！

材料：纸盘若干；剪刀；胶水或胶带——任选。

步骤：

1.如图所示，将纸盘的中间部分分割成8个相等的三角形。

2.将这些三角形纸片交替向上，向下折出。

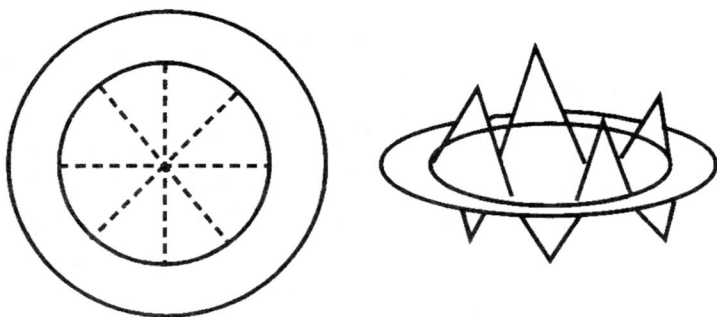

3.有风时，风轮实验效果最好。将它放于一块平地上，滚动，把手指弄湿举在空气中，迅速判断出风向：手指的一部分会觉得凉嗖嗖

的，那是由于气流运动，蒸发加快的缘故，也就表明风是从那个方向吹来的。例如，如果手指朝西的一面觉得凉，那就是西风（即西来东往的风）。依次使风轮顺风、逆风滚动，哪种情况下，风轮跑得快？哪种情况下更容易追上风轮？你能使风轮笔直地朝某人滚去吗？

4.变化：将两个纸盘用胶水或胶带面对面粘到一起（不是把一个粘到另一个里面），然后按照前面的步骤进行实验，哪一种风轮实验效果更好？为什么？

▋ 话题：空气　天气状况

风轮的实验效果好，是因为三角形纸片增大了纸盘与风垂直接触的面积，风就能更有效地推动风轮，天气会随着风而发生变化，变化实质上是由风吹来的方向决定的，因此风向是天气预测中的一个极其重要的因素。风是由其吹来的方向命名的，例如：从北吹向南的风，叫北风。全球可分为六个规则分布的季风带。例如："信风"（在赤道附近）总是吹向赤道；信风带的天气随着信风由东向西的运动而发生变化。"西风"（位于北半球；吹过加拿大的大部分地区和美国），是由赤道处吹来的，西风带的天气随着西风由西向东的运动而变化。规则分布的风带的产生和形成取决于两个因素：第一，地球本身就是旋转着的，因此"拉动"空气随之运动；第二，热带的暖空气和极地冰帽处的冷空气总是在不断地进行着交换。

教你一招

风的成因

形成风的直接原因，是气压在水平方向分布的不均匀导致的。风受大气环流、地形、水域等不同因素的综合影响，表现形式多种多样，如季风、地方性的海陆风、山谷风、焚风等。简单地说，风是空气分子的定向运动。要理解风的成因，先要弄清两个关键的概念：空气和气压。空气的构成包括：氮分子（占空气总体积的78%）、氧分子（约占21%）、水蒸气和其他微量成分。所有空气分子以很快的速度移动着，彼此之间迅速碰撞，并和地平线上任何物体发生碰撞。

风的影响

风是农业生产的环境因子之一。风速适度对改善农田环境条件起着重要作用。近地层热量交换、农田蒸散和空气中的二氧化碳、氧气等输送过程随着风速的增大而加快或加强。风可传播植物花粉、种子，帮助植物授粉和繁殖。风能是分布广泛、用之不竭的能源。中国盛行季风，对作物生长有利。在内蒙古高原、东北平原、东南沿海以及内陆高山，都具有丰富的风能资源可作为能源开发利用。

风对农业也会产生消极作用。它能传播病原体，蔓延植物病害。高空风是粘虫、稻飞虱、稻纵卷叶螟、飞蝗等害虫长距离迁飞的气象条件。大风使叶片机械擦伤、作物倒伏、树木断折、落花落果而影响产量。大风还造成土壤风蚀、沙丘移动，而毁坏农田。在干旱地区盲目垦荒，风将导致土地沙漠化。牧区的大风和暴风雪可吹散畜群，加重冻害。地方性风的某些特殊性质，也常造成风害。由海上吹来含盐分较多的海潮风，高温低温的焚风和干热风，都严重影响果树的开花、坐果和谷类作物的灌浆。防御风害，多采用培育矮化、抗倒伏、耐摩擦的抗风品种。营造防风林，设置风障等更是有效的防风方法。

电闪与雷鸣碰撞

根据电闪和雷鸣的时间差，我们可以推算出暴雨距离我们有多远。

材料： 无。

步骤：

1.一看到闪电，马上开始以秒计时（如：数一个棒棒糖，两个棒棒糖，三个棒棒糖……），直到听到雷声为止。

2.每三秒表明暴雨中心有一千米远（如果声速为340米／秒，那么3秒内，声音能传播1千米）。要想判断出暴雨的远近，可以算出电闪与雷鸣之间的时间差，然后再除以3（例如，时间差为6秒，除以3得2，即暴雨在2千米之外）。

3.要想判断暴雨是在向我们靠近还是离我们远去，可以通过连续的电闪和雷鸣来估测暴雨与我们的距离。如果距离不断增大，我们就知道暴雨正离我们远去。

话题：天气状况　电　光　声　测量

　　闪电是由静电引起的。当两个区域之间的正负电荷不断增长时，便会产生电火花（例如，一个云区和另一个云区之间，以及某一云区与地面之间），这些火花就和你在地毯上来回摩擦后碰金属门把时产生的火花一样。首先，电击可能会来回进行好几次，但看起来就像只产生了一次闪电，并且一切都在不足一秒钟内完成。初次电击的速度可达2 600千米／秒，而往复电击的速度可达140 000千米／秒。多数闪电的核心部分只有手指粗细。但是就是这样一次闪电，可达30 000℃高温，并可绵延30千米，而它所包含的能量足以提供一家住户数月的用电量。

　　闪电所经之处，空气受热并迅速扩散，造成振动，于是我们就听到了雷声。闪电和雷鸣同时产生于暴风雨的中心处，但我们总是先看见闪电，然后才听到雷声。这是因为光传播到眼睛要比声传到耳朵快得多。光以300 000千米／秒的速度传播，而声的传播速度只有大约340米／秒（具体速度要取决于空气的温度）。每天全世界大约要发生44 000次雷雨。

　　遭闪电击打的事可能发生两次，甚至更多。罗格·沙利文，一位美国的公园巡警，曾经7次被闪电击中。令人惊讶的是，他竟安然无恙。世界上最高的无任何支撑物的建筑是位于加拿大安大略州多伦多城的CN塔，在一年内会遭到大约60次电击。

教你一招

闪电是云与云之间、云与地之间或者云体内各部位之间的强烈放电现象（一般发生在积雨云中）。

暴风云通常产生电荷，底层为阴电，顶层为阳电，而且还在地面产生阳电荷，如影随形地跟着云移动。正电荷和负电荷彼此相吸，但空气却不是良好的传导体。正电荷奔向树木、山丘、高大建筑物的顶端甚至人体之上，企图和带有负电的云层相遇；负电荷枝状的触角则向下伸展，越向下伸越接近地面。最后正负电荷终于克服空气的阻障而连接上。巨大的电流沿着一条传导气道从地面直向云涌去，产生出一道明亮夺目的闪光。

积雨云通常产生电荷，底层为阴电，顶层为阳电，而且还在地面产生阳电荷，如影随形地跟着云移动。正电荷和负电荷彼此相吸，但空气却不是良好的传导体。正电荷奔向树木、山丘、高大建筑物的顶端甚至人体之上，企图和带有负电的云层相遇；负电荷枝状的触角则向下伸展，越向下伸越接近地面。最后正负电荷终于克服空气的阻障而连接上。巨大的电流沿着一条传导气道从地面直向云涌去，产生出一道明亮夺目的闪光。一道闪电的长度可能只有数百米（最短的为100米），但最长可达数千米。闪电的温度，从摄氏17000度至28000度不等，也就是等于太阳表面温度的3—5倍。闪电的极度高热使沿途空气剧烈膨胀。空气移动迅速，因此形成波浪并发出声音。闪电距离近，听到的就是尖锐的爆裂声；如果距离远，听到的则是隆隆声。你在看见闪电之后可以开动秒表，听到雷声后即把它按停，然后用所得的秒数乘以 0.3（声速约 340 米/秒），即可大致知道闪电离你有几千米。

如果我们在两根电极之间加很高的电压，并把它们慢慢地靠近。当两根电极靠近到一定的距离时，在它们之间就会出现电火花，这就是所谓"弧光放电"现象。

雷雨云所产生的闪电，与上面所说的弧光放电非常相似，只不过闪电是转瞬即逝，而电极之间的火花却可以长时间存在。因为在两根电极之间的高电压可以人为地维持很久，而雷雨云中的电荷经放电后很难马上补充。当聚集的电荷达到一定的数量时，在云内不同部位之间或者云与地面之间就形成了很强的电场。电场强度平均可以达到几千伏特/厘米，局部区域可以高达 1 万伏特/厘米。这么强的电场，足以把云内外的大气层击穿，于是在云与地面之间或者在云的不同部位之间以及不同云块之间激发出耀眼的闪光。这就是人们常说的闪电。

肉眼看到的一次闪电，其过程是很复杂的。当雷雨云移到某处时，云的中下部是强大负电荷中心，云底相对的下垫面变成正电荷中心，在云底与地面间形成强大电场。在电荷越积越多，电场越来越强的情况下，云底首先出现大气被强烈电离的一段气柱，称梯级先导。这种电离气柱逐级向地面延伸，每级梯级先导是直径约 5 米、长 50 米、电流约 100 安培的暗淡光柱，它以平均约 150000 米/秒的高速度一级一级地伸向地面，在离地面 5-50 米左右时，地面便突然向上回击，回击的通道是从地面到云底，沿着上述梯级先导开辟出的电离通道。回击以 5 万千米/秒的更高速度从地面驰向云底，发出光亮无比的光柱，历时 40 微秒，通过电流超过 1 万安培，这即第一次闪击。相隔百分之几秒之后，从云中一根暗淡光柱，携带巨大电流，沿第一次闪击的路径飞驰向地面，称直窜先导，当它离地面5-50米左右时，地面再向上回击，再形成光亮无比光柱，这即第二次闪击。接着又类似第二次那样产生第三、四次闪击。通常由3-4次闪击构成一次闪电过程。一次闪电过程历时约0.25秒，在此短时间内，窄狭的闪电通道上要释放巨大的电能，因而形成强烈的爆炸，产生冲击波，然后形成声波向四周传开，这就是雷声或说"打雷"。

闪电时发生的化学反应

1.闪电时，可以使大气空中的氧气化学合键发生改变，生成极少量的臭氧。

2.可以让氧气和氮气化合生成一氧化氮，这是天然固氮的一种重要形式。

3.$3H_2+N_2=2NH_3$

闪电的温度，从摄氏17000度至28000度不等，也就是等于太阳表面温度的3-5倍。闪电的极度高热使沿途空气剧烈膨胀。空气移动迅速，因此形成波浪并发出声音。

被人们研究得比较详细的是线状闪电，我们就以它为例来讲述闪电的结构。闪电是大气中脉冲式的放电现象。一次闪电由多次放电脉冲组成，这些脉冲之间的间歇时间都很短，只有百分之几秒。脉冲一个接着一个，后面的脉冲就沿着第一个脉冲的通道行进。现在已经研究清楚，每一个放电脉冲都由一个"先导"和一个"回击"构成。第一个放电脉冲在爆发之前，有一个准备阶段——"阶梯先导"放电过程：在强电场的推动下，云中的自由电荷很快地向地面移动。在运动过程中，电子与空气分子发生碰撞，致使空气轻度电离并发出微光。

第一次放电脉冲的先导是逐级向下传播的，像一条发光的舌头。开头，这光舌只有十几米长，经过千分之几秒甚至更短的时间，光舌便消失；然后就在这同一条通道上，又出现一条较长的光舌（约30米长），转瞬之间它又消失；接着再出现更长的光舌……光舌采取"蚕食"方式步步向地面逼近。经过多次放电—消失的过程之后，光舌终于到达地面。因为这第一个放电脉冲的先导是一个阶梯一个阶梯地从云中向地面传播的，所以叫作"阶梯先导"。在光舌行进的通道上，空气已被强烈地电离，它的导电能力大为增加。空气连续电离的过程只发生在一条很狭窄的通道中，所以电流强度很大。

当第一个先导即阶梯先导到达地面后，立即从地面经过已经高度电离了的空气通道向云中流去大量的电荷。这股电流是如此之强，以至空气通道被烧得白炽耀眼，出现一条弯弯曲曲的细长光柱。这个阶段叫作"回击"阶段，也叫"主放电"阶段。阶梯先导加上第一次回击，就构成了第一次脉冲放电的全过程，其持续时间只有1/100秒。

第一个脉冲放电过程结束之后，只隔一段极其短暂的时间（百分之四秒），又发生第二次脉冲放电过程。第二个脉冲也是从先导开始，到回击结束。但由于经第一个脉冲放电后，"坚冰已经打破，航线已经开通"，所以第二个脉冲的先导就不再逐级向下，而是从云中直接到达地面。这种先导叫作"直窜先导"。直窜先导到达地面后，约经过千分之几秒的时间，就发生第二次回击，而结束第二个脉冲放电过程。紧接着再发生第三个、第四个……直窜先导和回击，完成多次脉冲放电过程。由于每一次脉冲放电都要大量地消耗雷雨云中累积的电荷，因而以后的主放电过程就愈来愈弱，直到雷雨云中的电荷储备消耗殆尽，脉冲放电方能停止，从而结束一次闪电过程。

就在你阅读这篇文章的时候，世界各地大约正有1800个雷电交作在进行中。它们每秒钟约发出600次闪电，其中有100次袭击地球。

闪电可将空气中的一部分氮变成氮化合物，借雨水冲下地面。一年当中，地球上每一公顷土地都可获得几公斤这种从高空来的免费肥料。

乌干达首都坎帕拉和印尼的爪哇岛，是最易受到闪电袭击的地方。据统计，爪哇岛有一年竟有300天发生闪电。而历史上最猛烈的闪电，则是1975年袭击津巴布韦乡村乌姆塔里附近一幢小屋的那一次，当时死了21人。

闪电的形状与分类

最常见的闪电是线形闪电，它是一些非常明亮的白色、粉红色或淡蓝色的亮线，它很像地图上的一条分支很多的河流，又好像悬挂在天空中的一棵蜿蜒曲折、枝杈纵横的大树。线形闪电的"脾气"早已被科学工作者摸透，用连续高速的照相机可以完整地记录线形闪电的全过程，并能在实验室成功地进行模拟实验。

除了线形闪电，另外还有球形闪电和链形闪电，这两种闪电都比较少见。

球形闪电多半在强雷雨的恶劣天气里才会出现。在线形闪电过后，天空突然出现一个火球，火球沿着弯曲的路径在天空飘游，有时也可能停止不动，悬在空中。这种火球喜欢钻洞，有时会从烟囱、窗户、门缝等窜入屋内，然后再溜出屋去。

比起球形闪电，链形闪电的踪迹更难寻觅。目前，人们只知道它也是出现在线形闪电之后，与线形闪电出现在同一路径上，它像一排发光的链球挂在天空，在云层的衬托下好像一条虚线在云幕上慢慢滑行。

闪电对人类活动影响很大，尤其是建筑物、输电线网等遭其袭击，可能造成严重损失。保护建筑物免受闪电袭击的最切实可行的办法是安装避闪器（避雷针），把闪电中的电引向地面事先选好的安全区。

线状闪电、带状闪电、片状闪电、火箭状闪电、球状闪电、联珠状闪电都可以对人类进行伤害，因此不能出门。

我们常见的通常是线状闪电，犹如枝杈丛生的一根树枝，蜿蜒曲折。带状闪电与线状闪电相似，只是亮的通道比较宽，看上去好像一条较亮的亮带。球状闪电一般发生在线状闪电之后，它是一个直径为20厘米左右的火球，发出红色或橘黄色的光，偶然发出美丽的绿色，一般维持几秒钟。火球在空中随风飘移，喜欢沿物体边缘滑行，还能穿过缝隙进入室内，当它行将消失时会发生震耳的爆炸声。

各种闪电中，最罕见的是联珠状闪电，世界上绝大多数人都未曾见过它。这种闪电形如一串发光的珍珠从云底伸向地面（1916年5月8日在德国德累斯顿城市的一所钟楼上空，曾发生过一次联珠状闪电，并做了记载。人们首先看到一个线状闪电从云底伸下来；其后，人们看见线状闪电的通道变宽，颜色也由白色变为黄色。不久闪电通道渐渐变暗，但整个通道不是在同时间均匀地变暗，因此明亮的通道变成一串珍珠般的亮点，从云间垂挂下来，美丽动人，人们估计亮珠有32颗，每颗直径为5米。之后，亮珠逐渐缩小，形状变圆；最后亮度愈来愈暗，后完全熄灭），由于联珠状闪电出现的机会极少，维持的时间也极短，因此人们对这种闪电的成因研究得很少，形成的原因尚不清楚。

线状闪电——线状闪电与其他闪电不同的地方是它有特别大的电流强度，平均可以达到几万安培，在少数情况下可达20万安培。这么大的电流强度，可以毁坏和摇动大树，有时还能伤人。当它接触到建筑物的时候，常常造成"雷击"而引起火灾。线状闪电多数是云对地的放电。

片状闪电——片状闪电也是一种比较常见的闪电形状。它看起来好像是在云面上有一片闪光。这种闪电可能是云后面看不见的火花放电的回光，或者是云内闪电被云滴遮挡而造成的漫射光，也可能是出现在云上部的一种丛集的或闪烁状的独立放电现象。

球状闪电——球状闪电是闪电形态的一种，亦称之为球闪，民间则常称之为滚地雷。是一种十分罕见的闪电形状，却最引人注目。它像一团火球，有时还像一朵发光的盛开着的"绣球"菊花。它约有人头那么大，偶尔也有直径几米甚至几十米的。球状闪电有时候在空中慢慢地转悠，有时候又完全不动地悬在空中。它有时候发出白光，有时候又发出像流星一样的粉红色光。球状闪电"喜欢"钻洞，有时候，它可以从烟囱、窗户、门缝钻进屋内，在房子里转一圈后又溜走。球状闪电有时发出"咝咝"的声音，然后一声闷响而消失；有时又只发出微弱的噼啪声而不知不觉地消失。球状闪电消失以后，在空气中可能留下一些有臭味的气烟，有点像臭氧的味道。球状闪电的平均直径为25厘米，大多数在10—100厘米之间，小的只有0.5厘米，最大的直径达数米。球状闪电偶尔也有环状或中心向外延伸的蓝色光晕，发出火花或射线。颜色常见的为橙红色或红色，当它以特别明亮并使人目眩的强光出现时，也可看到黄、蓝和绿色。其寿命只有1—5秒，最长的可达数分钟。

球状闪电的行走路线，一般是从高空直接下降，接近地面时突然改向作水平移动；有的突然在地面出现，弯曲前进；也有沿着地表滚动并迅速旋转的；运动速度常为每秒1—2米。它可以穿过门窗，常见的是穿过烟囱后进入建筑物，它甚至可以在导线上滑动，有时还发出"嘶嘶"响声。多数火球无声消失，有的在消失时有爆炸声，可以造成破坏，甚至使建筑物倒塌，使人和家畜死亡。遇人遇物后即发生惊人的爆炸，产生刺鼻的气味，造成伤亡、火灾等事故。

预防球状闪电的办法是，在雷雨天气，紧闭门窗，避免穿堂风。如果遇到飘浮的"火球"，轻轻的避开它，千万不要去碰它。

科学家推测，球状闪电是一种气体的漩涡产生于闪电通路的急转弯处，是一团带有高电荷的气体混合物，主要由氧、氮、氢以及少量的水组成。通常发生在枝状闪电之后，似乎枝状闪电是产生球状闪电的必要条件。球状闪电较为罕见，因而研究它十分困难，至今仍然是自然界中的一个谜。

带状闪电——带状闪电是由连续数次的放电组成，在各次闪电之间，闪电路径因受风的影响而发生移动，使得各次单独闪电互相靠近，形成一条带状。带的宽度约为10米。这种闪电如果击中房屋，可以立即引起大面积燃烧。

联珠状闪电——联珠状闪电看起来好像一条在云幕上滑行或者穿出云层而投向地面的发光点的连线，也像闪光的珍珠项链。有人认为联珠状闪电似乎是从线状闪电到球状闪电的过渡形式。联珠状闪电往往紧跟在线状闪电之后接踵而至，几乎没有时间间隔。

火箭状闪电——火箭状闪电比其他各种闪电放电慢得多，它需要1—1.5秒钟时间才能放电完毕。可以用肉眼很容易地跟踪观测它的活动。

紫色闪电——近地面单个云系与大地产生闪电多为青紫色闪电很粗直插地面能量大破坏性强，在天上两个或两个以上的云系产生闪电多为亮白色或偏红色的光。其实，闪电是电弧放电，发出是白光，并包含大量紫外线，因而给人以紫色的感觉其中光的颜色只是一部分，红色最主要来自空气中的某些气体在强光的作用下发生了化学变化，生成了有色气体蓝白光是肉眼看到的不同波长的光，当云层运动激烈时，产生的火光——也就是闪电能量很大，它电离空气会产生波长短，能量高的紫光，反之，就是红光。

黑色闪电——一般闪电多为蓝色、红色或白色，但有时也有黑色闪电。由于大气中太阳光、云的电场和某些理化因素的作用，天空中会产生一种化学性能十分活泼的微粒。在电磁场的作用下，这种微粒便聚集在一起，形成许多球状物。这种球状物不会发射能量，但可以长期存在，它没有亮光，不透明，所以只有白天才能观测到它。

超级闪电——超级闪电指的是那些威力比普通闪电大100多倍的稀有闪电。普通闪电产生的电力约为10亿瓦特，而超级闪电产生的电力则至少有1000亿瓦特，甚至可能达到万亿至10万亿瓦特。纽芬兰的钟岛在1978年显然曾受到一次超级闪电的袭击，连13千米以外的房屋也被震得格格响，整个乡村的门窗都喷出蓝色火焰。

海底闪电——海底也有闪电，这是苏联科学家在日本海底发现的。灵敏的电场仪表明，海底放电的频率与大气中闪电的频率相同，这使科学家大感不解。因为按水文物理学规律，深层海水的导电性良好，理应与雷公电母无缘。

　　科学家经过反复试验，最后认为：电荷源实际上来自陆地上近海岸的空中，再经过岩石传导，一直深入到海底。但随着传导距离的增加，电量逐渐减少。因此海底测得的放电量一般是较弱的。

　　最后，有一件事可以聊以自慰：等到你看见闪电时，它已经打不中你了。

　　黑色闪电的形成令科学家无法解释。长期以来，人们的心目中只有蓝白色闪电，这是空中的大气放电的自然现象，一般均伴有耀眼的光芒！而从未看见过不发光的"黑色闪电"。可是，科学家通过长期的观察研究确实证明有"黑色闪电"存在。

　　1974年6月23日，苏联天文学家契尔诺夫就曾经在扎巴洛日城看见一次"黑色闪电"：一开始是强烈的球状闪电，紧接着，后面就飞过一团黑色的东西，这东西看上去像雾状的凝结物。经过研究分析表明：黑色闪电是由分子气凝胶聚集物产生出来的，而这些聚集物是发热的带电物质，极容易爆炸或转变为球状的闪电，其危险性极大。

　　据观察研究认为，黑色闪电一般不易出现在近地层，如果出现了，则较容易撞上树木、桅杆、房屋和其他金属，一般呈现瘤状或泥团状，初看似一团脏东西，极容易被人们忽视，而它本身却载有大量的能量，所以，它是"闪电族"中危险性和危害性均较大的一种。尤其是，黑色闪电体积较小，雷达难以捕捉；而且，它对金属物极具"青睐"；因而被飞行人员称作"空中暗雷"。飞机在飞行过程中，倘若触及黑色闪电，后果将不堪设想。而每当黑色闪电距离地面较近时，又容易被人们误认为是一只飞鸟或其他什么东西，不易引起人们的警惕和注意；如若用棍物击打触及，则会迅速发生爆炸，有使人粉身碎骨的危险。另外，黑色闪电和球状闪电相似，一般的避雷设施如避雷针、避雷球、避雷网等，对黑色闪电起不到防护作用；因此它常常极为顺利地到达防雷措施极为严密的储油罐、储气罐、变压器、炸药库的附近。此时此刻，千万不能接近它。应当避而远之，以人身安全为重。

闪电形成的原因

气流在雷雨云中会因为水分子的摩擦和分解产生静电，这些电分两种：一种是带有正电荷粒子的正电，一种是带有负电荷粒子的负电，正负电荷会相互吸引，就像磁铁一样。正电荷在云的上端，负电荷在云的下端吸引地面上的正电荷。云和地面之间的空气都是绝缘体，会阻止两极电荷的电流通过，当雷雨云里的电荷和地面上的电荷变得足够强时，两部分的电荷会冲破空气的阻碍相接触形成强大的电流，正电荷与负电荷就此相接触。当这些异性电荷相遇时便会产生中和作用（放电），激烈的电荷中和作用会放出大量的光和热，这些放出的光就形成了闪电。

大多数的闪电都是接连两次的，第一次叫前导闪接，是一股看不见的空气，一直下到接近地面的地方。这一股带电的空气就像一条电线，为第二次电流建立一条导路，在前导接近地面的一刹那，一道回接电流就沿着这条导路跳上来，这次回接产生的闪光就是我们通常所能看到的闪电了。

打雷的原因

现在知道电荷中和作用时会放出大量的光和热，瞬间放出大量的热会将周围的空气加热到30000℃的高温，强烈的电流在空气中通过时，造成沿途的空气突然膨胀，同时推挤周围的空气，使空气产生猛烈的震动，此时所产生的声音就是"雷声"。

闪电若落在近处，我们听到的就是震耳欲聋的轰隆声或撕裂声。闪电若是落在较远处，我们听到的是隆隆不觉的雷鸣声。这是因为声波受到大气折射和地面物体反射后所发出的回声，闪电若是落在较近处，我们听到的是像大树倒下的声音然后发出爆炸声，这是因为闪电迅速地把空气撕裂发出撕裂声，然后空气突然合拢，摩擦和碰撞出的声音像爆炸声。

别人的见闻，思维是只个人对外界事物的浅显反馈，雷电的形成，或许是"神"的礼花，或许是"蛟龙"的产物，对事物的分析，重在细节，只有看清分子的运动，才能明白万物的结构变化："建议于百度中搜索闪电慢镜头"，以众人的眼光来审视"天人合一"：微者"人体血脉形状""树枝走向"；中者"闪电走向"；宏者"大地血脉（河流）形状""大地龟裂形状"或"山脉卫星遥感图"：万变不离其"宗"。

雷电发生的必要条件

1.空气要很潮湿。

2.云一定要很大块的，比较黑的云；一般是积雨云。

3.天气干燥的地区一般不容易出现雷电。

闪电与雷雨云

雷暴时的大气电场与晴天时有明显的差异，产生这种差异的原因，是雷雨云中有电荷的累积并形成雷雨云的极性，由此产生闪电而造成大气电场的巨大变化。但是雷雨云的电是怎么来的呢？ 也就是说，雷雨云中有哪些物理过程导致了它的起电？为什么雷雨云中能够累积那么多的电荷并形成有规律的分布？本节将要回答这些问题。前面我们已经讲过，雷雨云形成的宏观过程以及雷雨云中发生的微物理过程，与云的起电有密切联系。科学家们对雷雨云的起电机制及电荷有规律的分布，进行了大量的观测和实验，积累了许多资料并提出了各种各样的解释，有些论点至今也还有争论。归纳起来，云的起电机制主要有如下几种科学假说：

1.对流云初始阶段的"离子流"

假说大气中总是存在着大量的正离子和负离子，在云中的水滴上，电荷分布是不均匀的：最外边的分子带负电，里层带正电，内层与外层的电位差约高 0.25 伏特。为了平衡这个电位差，水滴必须"优先"吸收大气中的负离子，这样就使水滴逐渐带上了负电荷。当对流发展开始时，较轻的正离子逐渐被上升气流带到云的上部；而带负电的云滴因为比较重，就留在下部，造成了正负电荷的分离。

2.冷云的电荷积累

当对流发展到一定阶段，云体伸入0℃层以上的高度后，云中就有了过冷水滴、霰粒和冰晶等。这种由不同相态的水汽凝结物组成且温度低于0℃的云，叫冷云。冷云的电荷形成和积累过程有如下几种：

A.冰晶与霰粒的摩擦碰撞起电

霰粒是由冻结水滴组成的，呈白色或乳白色，结构比较松脆。由于经常有过冷水滴与它撞冻并释放出潜热，故它的温度一般要比冰晶来得高。在冰晶中含有一定量的自由离子（OH-或H+），离子数随温度升高而增多。由于霰粒与冰晶接触部分存在着温差，高温端的自由离子必然要多于低温端，因而离子必然从高温端向低温端迁移。离子迁移时，较轻的带正电的氢离子速度较快，而带负电的较重的氢氧离子（OH-）则较慢。因此，在一定时间内就出现了冷端H+离子过剩的现象，造成了高温端为负，低温端为正的电极化。当冰晶与霰粒接触后又分离时，温度较高的霰粒就带上负电，而温度较低的冰晶则带正电。在重力和上升气流的作用下，较轻的带正电的冰晶集中到云的上部，较重的带负电的霰粒则停留在云的下部，因而造成了冷云的上部带正电而下部带负电。

B.过冷水滴在霰粒上撞冻起电

在云层中有许多水滴在温度低于0℃时仍不冻结，这种水滴叫过冷水滴。过冷水滴是不稳定的，只要它们被轻轻地震动一下，马上就会冻结成冰粒。当过冷水滴与霰粒碰撞时，会立即冻结，这叫撞冻。当发生撞冻时，过冷水滴的外部立即冻成冰壳，但它内部仍暂时保持着液态，并且由于外部冻结释放的潜热传到内部，其内部液态过冷水的温度比外面的冰壳来得高。温度的差异使得冻结的过冷水滴外部带正电，内部带负电。当内部也发生冻结时，云滴就膨胀分裂，外表皮破裂成许多带正电的小冰屑，随气流飞到云的上部，带负电的冻滴核心部分则附在较重的霰粒上，使霰粒带负电并停留在云的中、下部。

C.水滴因含有稀薄的盐分而起电

除了上述冷云的两种起电机制外，还有人提出了由于大气中的水滴含有稀薄的盐分而产生的起电机制。当云滴冻结时，冰的晶格中可以容纳负的氯离子（Cl-），却排斥正的钠离子（Na+）。因此，水滴已冻结的部分就带负电，而未冻结的外表面则带正电（水滴冻结时，是从里向外进行的）。由水滴冻结而成的霰粒在下落过程中，摔掉表面还来不及冻结的水分，形成许多带正电的小云滴，而已冻结的核心部分则带负电。由于重力和气流的分选作用，带正电的小滴被带到云的上部，而带负电的霰粒则停留在云的中、下部。

D.暖云的电荷积累

上面讲了一些冷云起电的主要机制。在热带地区，有一些云整个云体都位于0℃以上区域，因而只含有水滴而没有固态水粒子。这种云叫做暖云或"水云"。暖云也会出现雷电现象。在中纬度地区的雷暴云，云体位于0℃等温线以下的部分，就是云的暖区。在云的暖区里也有起电过程发生。

在雷雨云的发展过程中，上述各种机制在不同发展阶段可能分别起作用。但是，最主要的起电机制还是由于水滴冻结造成的。大量观测事实表明，只有当云顶呈现纤维状丝缕结构时，云才发展成雷雨云。飞机观测也发现，雷雨云中存在以冰、雪晶和霰粒为主的大量云粒子，而且大量电荷的累积即雷雨云迅猛的起电机制，必须依靠霰粒生长过程中的碰撞、撞冻和摩擦等才能发生。

闪电和雷声是同时发生的，但它们在大气中传播的速度相差很大，因此人们总是先看到闪电然后才听到雷声。光每秒大约能走30万千米，而声音只能走 340 米。根据这个现象，我们可以从看到闪电起到听到雷声止，这一段时间的长短，来计算闪电发生处离开我们的距离。假如闪电在西北方，隔 10 秒听到了雷声，说明这块雷雨距离我们约有 3400 米远。

闪电距离近，听到的就是尖锐的爆裂声；如果闪电距离远，听到的则是隆隆声。你在看见闪电之后可以开动秒表，听到雷声后即把它按停，然后以 3 来除所得的秒数，即可大致知道闪电离你有几千米。如时差为 3 秒，则闪电在 1000 米外。

闪电险境求生锦囊

1.除非绝对需要时，不要冒险外出，留在室内。

2.不要靠近打开的门、窗、火炉、暖气片、金属管道、阴沟、插上电源的电气用具。

3.在风暴期间不要使用插入式电气设备，如电吹风、电压刷或电动剃须刀。

4.风暴期间，不要使用电话，闪电可能击中外面电话线。

5.不要去收晒衣绳上的衣服。

6.不要从事栅栏、电话或输电线、管道或建筑钢材等安装工作。

7.不要应用金属物体如鱼竿和高尔夫球棍。穿好钉有铁钉的鞋子的高尔夫球运动员成了极好的避雷针。

8.不要处理打开的容器里的易燃材料。

9.离开水和小船。

10.如果你正在旅行的话，那么呆在你的汽车里，汽车往往是极好的避雷设施。在没有掩蔽所的时候，应避开该地的最高物体。如果附近只有孤立的树，那么最好防护就是蹲在露天下，离开孤立的树的距离是其高度两倍。

11.避开金属丝栏杆和金属晒衣绳。敞开的棚子以及任何突出地面的导电物体。

12.当你感觉到电荷时，即如果你的头发竖起，或者你的皮肤颤动，那么您可能就受到电击了。要立刻倒在地上。受到雷击的人会严重休克，并且可能被烧伤，但是他们身上不带电，可以安全进行处理。被电击昏的人，通常进行及时的口对口的呼吸、心脏按压以及长时间的人工呼吸是能够苏醒的。在受电击的一群人里，对于明显的死亡者应首先处理。那些还有活着迹象的人可能会自行恢复过来。

谁更易受到闪电袭击

闪电的受害者有2/3以上是在户外受到袭击。他们每3个人中有两个幸存。在闪电击死的人中，85%是男性，年龄大都在10岁至35岁之间。死者以在树下避雷雨的最多。

苏利文也许是遭闪电袭击的冠军。他是退休的森林管理员，曾被闪电击中7次。闪电曾经烫焦他的眉毛，烧着他的头发，灼伤他的肩膀，扯走他的鞋子，甚至把他抛到汽车外面。他轻描淡写地说："闪电总是有办法找到我。"

复杂运动

复杂的活动

加利福尼亚的死谷是美洲大陆的最低点，也是世界上最热的地方之一。那儿的气温可持续几天高达49℃。1913年7月10日那里的气温高达56.7℃。既然热空气上升冷空气下降，死谷被群山环绕而且冷空气是在山顶，那为什么死谷不是一个相对凉爽之地呢？一些科学家猜测：这个地区干热的风很低地吹过谷底，形成了沙漠，而缺乏阴凉和植被，使沙质的谷底像一个反射镜一样加热了附近地面的空气。

地球上有记录以来最低气温是零下89.2℃。发生在1983年7月21日南极上的沃斯托克，（vostok）。加拿大的斯纳格·尤康记录下了北美最寒冷的天气。据他记载，1947年2月3日气温达到零下63℃。有记载的最高温度是58℃，发生在1922年9月13日利比亚的Alaziziyah。

在日本它们被叫作"台风"，在孟加拉国它们叫"旋风"，在澳大利亚它们叫"畏来风"，在北美被称作"飓风"。如果被归为飓风，那么风速必须达到117千米／小时，飓风产生于热带，当其发展充分后就成了最具有破坏力的风暴。为了方便地记录下这些风暴，气象学家们以人名来命名飓风。在飓风季节，男女名字的名单都是提前准备好以备使用的。

龙卷风在风暴中是最猛烈的。它很像飓风但比飓风小多了，它只有几百米的范围。空气绕着中心迅速旋转，有时速度达600千米／小时。这些强速的风能把树连根拔起。摧毁房屋，甚至将汽车抛出几百米远。

世界上降雨量最多的地方在哥伦比亚的图特南多，每年降雨量达11770毫米，在加拿大一年最大的降雨量是8122.4毫米，发生在1913年英属不列颠哥伦比亚的哈得逊湖。世界上最干旱的地方是智利的埃里克，每年平均降雨量只有0.76毫米。1949年北极湾的降雨量只有12.7米，是加拿大年降雨量最小的地区。

制云连连看

云的形成需要两个必备条件：微粒（像灰尘、烟灰或花粉）和将被冷却的温暖、湿润的空气。下面在瓶子里制造自己的"云"吧！

材料：容量为2升的透明、带旋盖的塑料瓶；温水；火柴；塑料袋——任选；绳。

步骤：

1.此活动必须在大人监督下进行。

2.将塑料瓶中加入1—2厘米高的温水。

3.将瓶放倒，划一根火柴，当它燃烧几秒钟后将其吹熄。

4.将火柴置于瓶口处使烟能流入瓶中，你可以将火柴伸入瓶内再拿出来。这样有助于瓶子将烟吸入。

5.旋上瓶盖。晃动瓶子，使瓶壁全部被水冲过。

6.将瓶子立起并朝向亮的窗口或灯。挤压瓶子一会，然后放开手。你看到瓶子里有什么？你应该看到模糊的"雾"，这和空气中的云有何相像之处？每次你挤压瓶子时"雾"都会产生吗？为什么？

7.扩展活动：吹起两个塑料袋然后用绳子扎紧。每个塑料袋都充满了你呼出的温暖湿润的空气。把其中一个放入冰箱而另一个置于室温状态下。大约15分钟后从冰箱里拿出塑料袋。比较两个塑料袋，哪一个里面有凝结的水蒸气？为什么？把两个袋同时置于室温下半个小时。凝结的水蒸气发生了什么变化？空气的温度是怎样影响云的形成的？

话题：天气　空气　天气情况

当温暖、湿润的空气上升在空中冷却后就形成了云，冷空气所能容纳的水分不如暖空气所容纳的多，当空气冷却，水蒸气便凝结（从气态变为液态）形成小水滴（或小冰晶）。这和在炎热、潮湿的天气里水凝结在盛有冷水的瓶子外是一个道理。云的形成过程中水蒸气必须凝结在某些东西上。空气中有各种各样的微粒（例如尘土、烟灰、花粉、石粉、海中析出的盐和人类制造的汽车尾气和工厂烟尘中的颗粒），上亿的带有水微粒的颗粒组成了云。当你在瓶中制"云"时，烟就是微小的颗粒，用降低瓶中气压的方法可以使水蒸气凝结，先挤压瓶子增大的气压，然后迅速放开瓶子降低气压，气压与云的形成是有关联的。越往高处去，空气就越稀薄，气压也越低。

小水滴即使在冰点温度以下仍能存留（这样的水滴被称作是"超冷却了的"），主要由水滴构成的云有线条分明、界限明显的边缘。而主要由小冰扇构成的云看起来就模糊和分散，云并不像你想的那样轻。一个中等体积的云相当于五头大象的重量。云里面的景象和我们在大雾的天气中看到的景象很相似。

在寒冷的天气里你制造了云却全然不知。当你呼出温暖湿润的气时，它就在你面前冷却。短暂地形成了小小的"云"。

教你一招

雾的成因

雾形成的条件一是冷却，二是加湿，三是有凝结核。增加水汽含量。这是由辐射冷却形成的，多出现在晴朗、微风、近地面水汽比较充沛且比较稳定或有逆温存在的夜间和清晨，气象上叫辐射雾；另一种是暖而湿的空气做水平运动，经过寒冷的地面或水面，逐渐冷却而形成的雾，气象上叫平流雾；有时兼有两种原因形成的雾叫混合雾。可以看出，具备这些条件的就是深秋初冬，尤其是深秋初冬的早晨。

我们还可以看到一种蒸发雾。即冷空气流经温暖水面，如果气温与水温相差很大，则因水面蒸发大量水汽，在水面附近的冷空气便发生水汽凝结成雾。这时雾层上往往有逆温层存在，否则对流会使雾消散。所以蒸发雾范围小，强度弱，一般发生在下半年的水塘周围。

城市中的烟雾是另一种原因所造成的，那就是人类的活动。早晨和晚上正是供暖锅炉的高峰期，大量排放的烟尘悬浮物和汽车尾气等污染物在低气压、风小的条件下，不易扩散，与低层空气中的水汽相结合，比较容易形成烟尘（雾），而这种烟尘（雾）持续时间往往较长。

雾消散的原因，一是由于下地面的增温，雾滴蒸发；二是风速增大，将雾吹散或抬升成云；再有就是湍流混合，水汽上传，热量下递,近地层雾滴蒸发。

雾的持续时间长短,主要和当地气候干湿有关:一般来说,干旱地区多短雾,多在1小时以内消散,潮湿地区则以长雾最多见,可持续6小时左右。

人工造雨

　　自然中的水总是运动着的——升起来形成云，然后再以雨的形式降落。下面用水壶、罐和一些冰水来模拟水循环。

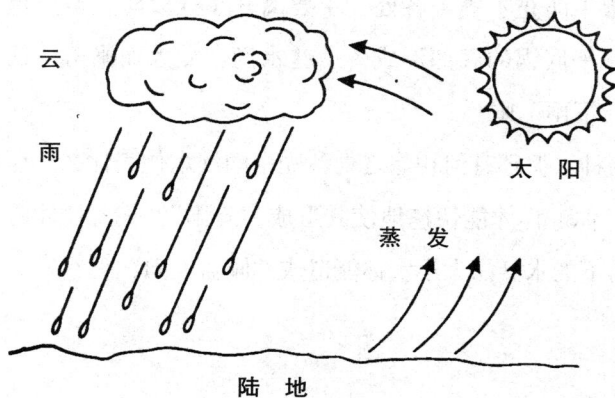

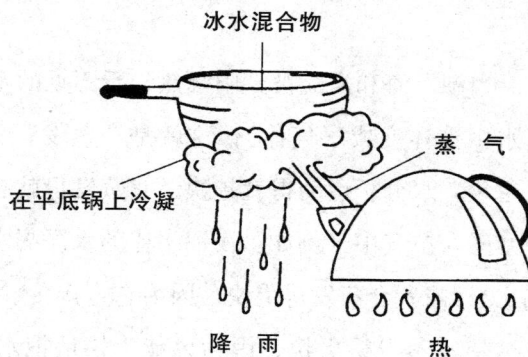

云
雨

太　阳

蒸　发

陆　地

冰水混合物

蒸　气

在平底锅上冷凝

降　雨

热

材料：水壶（最好是电的，否则你就需要一个加热器）；小的深平底锅；浅锅；水；冰块。

步骤：

1.这个活动必须在成人监督下进行。

2.在水壶中加些热水。

3.加一些冷水和冰块于深平底锅中。

4.当水壶中的水沸腾时，将盛满冷水的深平底锅置于蒸气上。放一个浅锅于深平底锅下防止水溅到各处。手要离开蒸气以防止被严重烫伤。观察水滴在深平底锅的底部形成。一些水滴会变大而滴落。这种现象发生时，就"下雨"啦！

5.你所模拟的两种水循环有何相像之处？壶中的沸水代表什么？模拟中的"云"在哪？你怎样才能快速地使其形成"阵雨"？你怎样才能改变从深平底锅底落下的水滴的大小？你能造成"倾盆大雨"吗？

话题：大气层　物质的状态　雪

当湖、海和河流被太阳晒热，看不见的水蒸气就升到了空中（一些水由液体变成了气体），这就是"蒸发"。有些因素会影响蒸发。水越热，水分子运动得就越快，它蒸发得就越快。当更大面积的水表面暴露在空气中（例如：浅锅中盛的水同喝水杯子中盛的同样多的水相比），前者会蒸发得更快，因为它直接接触空气的面积更大。最后，风会使水蒸发得更快，因为风能更快地把水表面的分子"推入"空中。

水蒸气上升后，它会冷却并凝结在飘浮在空气中的极微小的颗粒上，上亿个带小水滴的颗粒就形成了云。小水滴组合在一起变得很重，当气流无法托住它们的时候降雨就发生了。或者当云不断膨胀变大到达大气层中一个更高、更冷的位置时，一些水滴就会变成冰。这些冰晶的增长是由于小水滴不断地附着于其上凝冻成冰而造成的。当这些水晶最后大得使空气托不住时，它们就开始降落了。而近地面的气温决定了空气中水汽的降落形式，雨、雪或雨夹雪。大部分的降水最终都流进湖海。这样，这种循环持续不断。

教你一招

雾的种类

1.辐射雾——多出现在晴朗、微风、近地面水汽比较充沛且比较稳定或有逆温存在的夜间和清晨。

2.平流雾——暖而湿的空气做水平运动，经过寒冷的地面或水面，逐渐冷却而形成的雾，气象上叫平流雾。

3.蒸发雾——冷空气流经温暖水面，如果气温与水温相差很大，则因水面蒸发大量水汽，在水面附近的冷空气便发生水汽凝结成雾。这时雾层上往往有逆温层存在，否则对流会使雾消散。所以蒸发雾范围小，强度弱，一般发生在下半年的水塘周围。

4.上坡雾——这是潮湿空气沿着山坡上升，绝热冷却使空气达到过饱和而产生的雾。这种潮湿空气必须稳定，山坡坡度必须较小，否则形成对流，雾就难以形成。

5.锋面雾——经常发生在冷、暖空气交界的锋面附近。锋前锋后均有，但以暖锋附近居多。锋前雾是由于锋面上面暖空气云层中的雨滴落入地面冷空气内，经蒸发，使空气达到过饱和而凝结形成；而锋后雾，则由暖湿空气移至原来被暖锋前冷空气占据过的地区，经冷却达到过饱和而形成的。因为锋面附近的雾常跟随着锋面一道移动，军事上就常常利用这种锋面雾来掩护部队，向敌人进行突然袭击。

6.混合雾——有时兼以上有两种原因形成的雾叫混合雾。

7.烟雾——通常所说的烟雾是烟和雾同时构成的固、液混合态气溶胶，如硫酸烟雾、光化学烟雾等。城市中的烟雾是另一种原因所造成的，那就是人类的活动。早晨和晚上正是供暖锅炉的高峰期，大量排放的烟尘悬浮物和汽车尾气等污染物在低气压、风小的条件下，不易扩散，与低层空气中的水汽相结合，比较容易形成烟尘（雾），而这种烟尘（雾）持续时间往往较长。

在《环境监测》一书中按其形式把它分为分散型气溶胶和凝聚型气溶胶。常温状态下的液体，由于飞溅、喷射等原因被雾化而形成的微小雾滴分散在大气中，构成分散型气溶胶。液体因加热变成蒸汽逸散到大气中，遇冷后又凝集成微小液滴形成凝聚型气溶胶。雾的粒径一般在10米以下。

冷暖锋对对碰

整理一本活动小册子，展示出冷锋与暖锋会合后产生雨的情况。

材料： 后面3页；每页3份复印件；钉书器。

步骤：

1.一本活动小册子是由下面3页上每个方框的3份复印件组成的，你需要一式多份印件，这样你可以有足够的纸页用来翻动，你的眼，也能看清每张图画上的图像。

2.把方框剪开，按顺序把这些方框摞成一沓，方框1放在最上面，把每个方框完全相同的复印件一个挨一个放好，沿左边钉好这摞方框，做成一个小册子。

3.当你快速翻动这些纸页并且看这些图画时，你看到了什么？这可能需要一些练习，但你会看到一个冷锋和一个暖锋会合后产生雨。这个小册子只展示了一种方法，它代表了一种关于雨形成的方法的简化形式。

4.扩展活动：利用一套多余的图画，把方框剪开，盖住那些号码，把方框混在一起你能按顺序排好这些方框"让它下雨"吗？

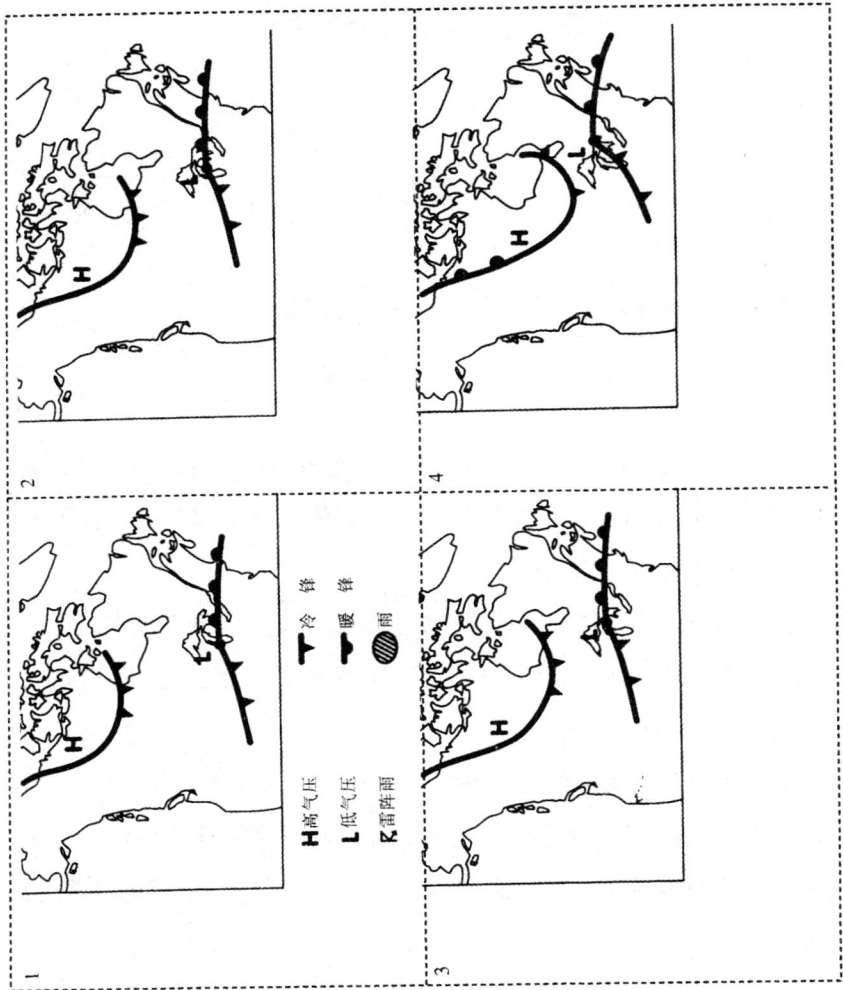

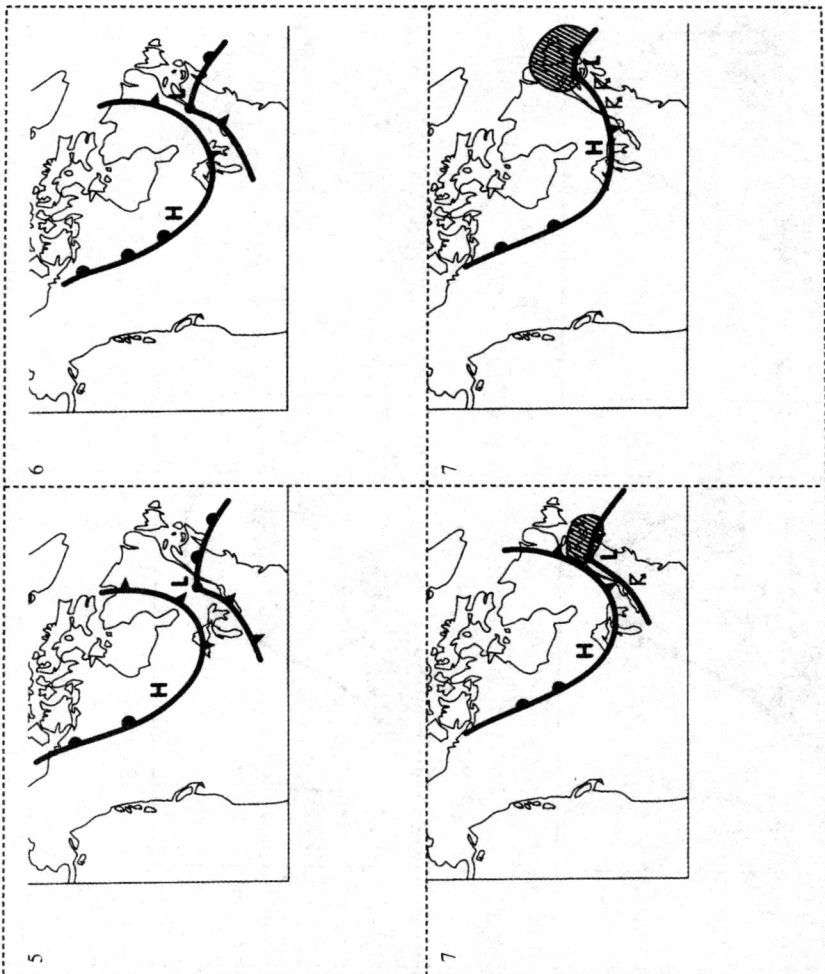

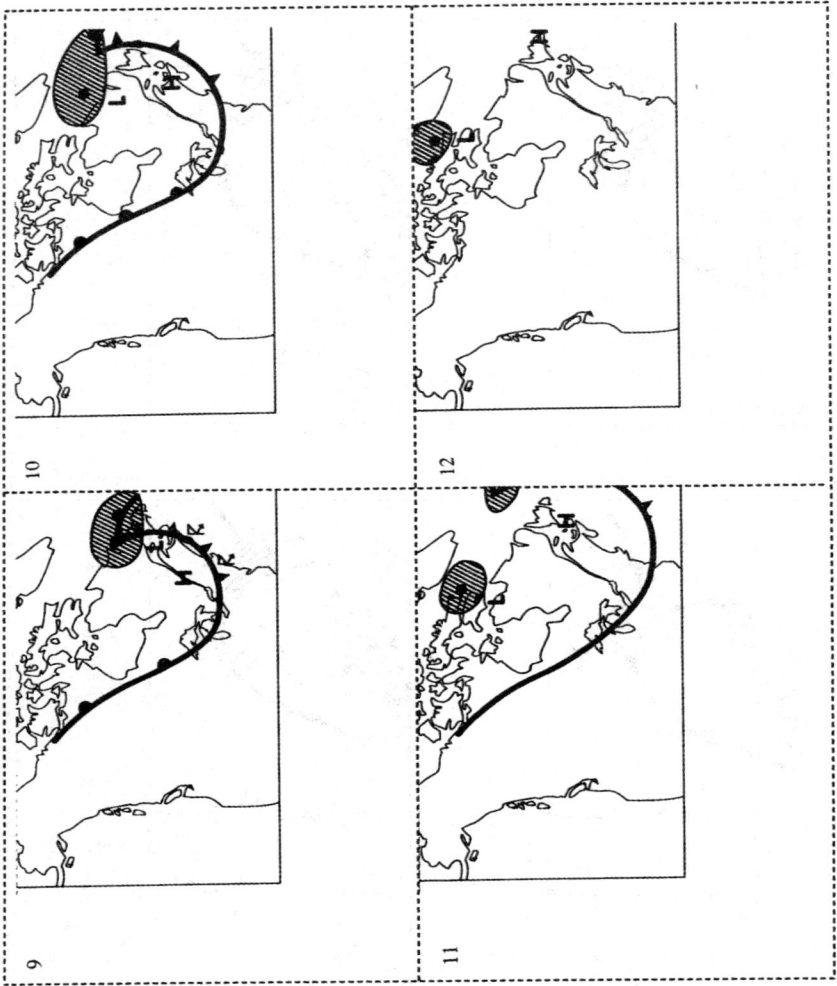

话题：天气情况　大气层　空气　制图

一天4次，一年到头，全世界的气象观测员同时观察研究他们的仪器，遥望天空，记录观测结果，这是一种"天气"观测——在全世界被选出来的气象站，记录某一特定时间内的天气情况。天气观测结果和来自气象卫星的信息一起用来制作天气图。天气图提供了在某些特定时间内全球广大地区上空大气状况的总的概述，它形成了天气预报的基础。

如面积1 300万平方千米——在某一地区上空（例如：北极地区的雪地和冰原）停留很长一段时间，它会呈现出这个地区特有的温度和湿度特征，被叫作"空气团"。冷空气团通常与高气压结合在一起（冷空气较密集，空气分子距离较近，因此气压较高）。暖空气团与低气压结合在一起。当两个具有不同特性的空气团会合时，便形成了一个分界地区，叫作"锋"。"冷锋"是挡在前行的冷空气团的最前端（冷空气团在暖空气团下面向前推进），前行的冷空气团常常穿过北美大陆南行。"暖锋"是后退的冷空气团的最前端（暖空气团推动冷空气团）。后退的冷空气团常常北移，锋常常显示出有云的特征，形成一些最剧烈的暴风雨天气。

冷空气团

暖空气团

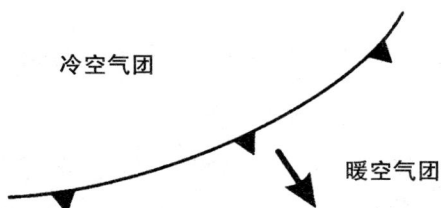

当冷空气团在暖空气团下面强行前进时，冷锋形成，并向上推动暖空气团。夏天，雷雨暴雨天气常常出现。

冷空气团

暖空气团

当暖空气团压倒冷空气团并把它推向一边时，暖锋形成。此时小雨或中雨常常形成。

教你一招

雾与生产生活的关系

雾是千变万化的，纷繁复杂的，但不外乎辐射雾、平流雾两种。现象虽纷纭，本质都是一个：水气遇冷凝结而成。有时雾出预报晴，有时雾出预报雨，似乎混乱不堪，但是只要掌握了辐射雾、平流雾的特征，多方观察，仔细分析，就能准确地抓住雾与天晴、落雨的规律，以便预测天气了。这对于农业、交通、航天、航海都有用处。

雾与未来天气的变化有着密切的关系。自古以来，我国劳动人民就认识这个道理了，并反映在许多民间谚语里。如："黄梅有雾，摇船不问路。"这是说春夏之交的雾是雨的先兆，故民间又有"夏雾雨"的说法。又如："雾大不见人，大胆洗衣裳。"这是说冬雾兆晴，秋雾也如此。

准确的看雾知天，还必须看雾持续的时间。辐射雾是由于天气受冷，水汽凝结而成，所以白天温度一升高，就烟消云散，天气晴好；反之，"雾不散就是雨"。雾若到白天还不散，第二天就可能是阴雨天了，因此民谚说："大雾不过晌，过晌听雨响。"

为什么同样是雾，有的兆雨，有的兆晴呢？

这要从气象学的知识里得到解释。只要低层空气的水气含量较多时，赶上夜间温度骤降，水气就会凝结成雾。雾有辐射雾，即在较为晴好、稳定的情况下形成的雾。只要太阳出来，温度升高，雾就自然消失。对此，民间的说法是："清晨雾色浓，天气必久晴。""雾里日头，晒破石头。""早上地罩雾，尽管晒稻。"人们见辐射雾，往往"十雾九晴"。便得出这些说法。

秋冬季节，北方的冷空气南下后，随着天气转晴和太阳的照射，空气中的水分的含量逐渐增多，容易形成辐射雾，因此秋冬的雾便往往能预报明天的好天气。

春夏季节的雾便不同了，它大多来自海上的暖湿空气流，碰到较冷的地面，下层空气也变冷，水气就凝结成雾了。这种雾叫平流雾。它是海上的暖湿空气侵入大陆，突然遇冷而形成的。这些暖湿气流与大陆的干冷空气相遇，自然就阴雨绵绵了。所以春夏雾预示着天气阴雨。

雾与天气的关系如此密切，故可以看雾知天气的变化了。不过，上述的关于辐射雾、平流雾的解释只是就大体情况而言的。雾与天气的关系并不如此简单，还有许多复杂的内容，因此不能生搬硬套，而要具体情况具体分析。也就是说，要准确地看雾知天，还要作多方面观察、分析，进行综合判断。

雪 的 聚 焦

　　如果靠近地面的温度低于冰点（摄氏零度），云中的水气通常会以雪的形式降落下来，让我们通过这些微小的研究来认识一下雪吧。

　　材料：小铲；放大镜；直尺；温度计；两端盒底去掉的罐头盒（如容量为284毫升的汤盒）；金属片或硬纸板；4个容器（如广口瓶）；胶带；量杯；不同颜色的建筑用纸；石块或其他的小事物；纸；铅笔。

　　步骤：

　　1.形形色色的雪：大多数人认为雪是白色的，可是雪还可以是其他颜色的，出去走走看看你能找到几种不同的雪的颜色；找一找各种深浅不同的雪和一些淡而柔和的雪，是什么使某一地区的雪有了一定的颜色呢？例如，雪里有海藻便会使雪变成粉色。

　　2.雪的堆积：比较不同地点雪的深度（如：在户外、在灌木下、在树下、在沟里、沿着建筑物的边缘）找一些雪堆，它们是在哪儿形成的？障碍物（和建筑物、树）是如何影响雪堆的形状的？风向和雪堆有什么联系？你在雪堆中发现了什么样的图案？用小铲小心地把雪从上到下切开，你看到了几个层面？用尺子量一下每层的厚度，每层颜色都不同吗？这些雪层感觉起来有什么不同吗（如：硬质、冰质、砂粒状)？用放大镜比较一下不同雪层中的雪晶体。

3.雪的温度：雪可以被当作隔热毯，通过测量气温就能证明这一点，在阴暗处测量空气的温度，使温度计不会由于阳光的照射而受热，每当你测量温度的时候，要使温度计在某个地方放上几分钟，以得到一个恒定的读数，然后测量下面几个地点雪的温度；雪堆的顶部，雪堆的中部，雪堆下的地面，雪的温度和气温比较有什么不同？哪里最冷？哪里最暖和？为什么？

4.雪的密度：雪的密度（雪的紧密程度）随雪的深度和存积的时间长短、气温和风而变化，采4个雪样：新鲜的刚下的雪；几天前下的雪；从雪堆中取的雪；被踩踏过的雪。用下面的方法收集雪样：小心地将一个罐头盒（去掉两端）竖直压进雪里，直到它与雪的表面在同一个水面上，将金属片或硬纸板放在罐头盒的底部，以免雪掉出来，将罐头盒从雪中拿出来，雪应该和罐头盒的两端保持水平，如果没有，用尺子将雪弄平，把你采的每个雪样分别放进一个单独的容器。并且在容器上做好标记，将雪样带进室里，让雪融化，然后，用量杯比较一下每个雪样融后的雪水，哪个雪样融化产生的水最多（雪的密度也就最大)？为什么？

5.雪的融化：在晴朗温和的天气里，将不同颜色的建筑用纸放在雪上，用石块或其他小重物压上，使纸保持原位，一天中，每一张纸要接受等量的日照，每隔一定时间测量并记录每张纸融进雪里的深度。为什么颜色会影响雪的融化？这和不同季节我们所穿衣服的颜色有什么关系？这对雪在春季的融化方式产生了什么影响？例如：为什么雪在黑色的路面上融化较快？

话题：雪　测量

世界上的一些地区常年保持温暖，没有降雪，世界上的另一些地区，一年中温度降到零度以下，降雪变得普遍时便是冬季。

如果你在冷天到户外观察雪，记住穿暖和一点，多穿几层衣服能使你保持温暖，戴上帽子或围巾（人体的一半热量都是由头散失的）。还有，别忘了穿上靴子，戴上连指手套（连指手套比普通手套更暖和，因为你的手指可以挨在一起）。

教你一招

雪的作用

雪花是一种美丽的结晶体，它在飘落过程中成团攀联在一起，就形成雪片。单个雪花的大小通常在0.05—4.6毫米之间。雪花很轻，单个重量只有0.2—0.5克。无论雪花怎样轻小，怎样奇妙万千，它的结晶体都是有规律的六角形，所以古人有"草木之花多五出，度雪花六出"的说法。雪花多么美丽而轻盈呀！我越来越喜欢雪花了，如果能够再次目睹大地白雪皑皑，绿树披银装，真是一件赏心悦目的趣事。

"瑞雪兆丰年"是我国广为流传的农谚。在北方，一层厚厚而疏松的积雪，像给小麦盖了一床御寒的棉被。雪中所寒的氮素，易被农作物吸收利用。雪水温度低，能冻死地表层越冬的害虫，也给农业生产带来好处。所以又有一句农谚"冬天麦盖三层被，来年枕着馒头睡。"

雪的作用很广，但雪对人类有很大的好处。首先是有利于农作物的生长发育。因雪的导热本领很差，土壤表面盖上一层雪被，可以减少土壤热量的外传，阻挡雪面上寒气的侵入，所以，受雪保护的庄稼可安全越冬。积雪还能为农作物储蓄水分。此外，雪还能增强土壤肥力。据测定，每1升雪水里，约含氮化物7.5克。雪水渗入土壤，就等于施了一次氮肥。用雪水喂养家畜家禽、灌溉庄稼都可收到明显的效益。

雪对人有利也有害处，在三四月份的仲春季节，如突然因寒潮侵袭而下了大雪。就会造成冻寒。所以农谚说："腊雪是宝，春雪不好。"

雪的保温作用

积雪，好像一条奇妙的地毯，铺盖在大地上，使地面温度不致因冬季的严寒而降得太低。积雪的这种保温作用，是和它本身的特性分不开的。

我们都知道，冬天穿棉袄很暖和，穿棉袄为什么暖和呢？这是因为棉花的孔隙度很高，棉花孔隙里充填着许多空气，空气的导热性能很差，这层空气阻止了人体的热量向外扩散。覆盖在地球胸膛上的积雪很像棉花，雪花之间的孔隙度很高，就是钻进积雪孔隙里的这层空气，保护了地面温度不会降得很低。当然，积雪的保温功能是随着它的密度而随时在变化着的。这很像穿着新棉袄特别暖和，旧棉袄就不太暖和的情况一样。新雪的密度低，贮藏在里面的空气就多，保温作用就显得特别强。老雪呢，像旧棉袄似的，密度高，贮藏在里面的空气少，保温作用就弱了。

为什么物体里贮藏的空气越多，保温效果越强呢？

这是因为空气是不良导体的缘故。我们知道，任何一个物体，它本身都能通过热量，这种能够通过热量的性能，称作物体的导热性。在自然界常见的几种物质中，空气的导热性最差。所以物体里容纳的空气越多，它的导热性就越差。由于积雪里所能容纳的空气量变化幅度较大，因此，积雪的导热系数变化幅度也较大。一般刚下的新雪孔隙大，保温效应最好，到春天融雪后期，积雪为水所浸渍，这时它的导热系数就更接近于水了，积雪的保温作用便趋于消失。

飘飘洒洒的雪花

没有两片雪花完全相同。但是雪的结晶体却有一些相似点，并能被分成大体的种类，在下雪的时候收集一些雪片。

材料： 黑色的建筑图纸；放大镜；直尺；几页白纸；剪刀。

步骤：

1.把一页黑色的建筑图纸放进制冷器中，这样做的目的在于在你使用前它能变冷，当下雪的时候把它拿出来并在纸上收集些雪片，用一个放大镜去仔细观查一下，它们都相似吗？它们有几个面？它们都是一样大小吗？以毫米为单位测量一下雪片的尺寸。观察每一个不同的雪片并把它们分别归成10个不同的组，你能发现多少种不同类型的雪片？当它要融化的时候，雪片是什么形状的？

2.变化：在开始下雪的时候，收集些雪片进行观察，然后当雪下得最大的时候，当雪要停的时候，分别收集雪片进行观察，在整个下雪过程中，这些雪片变化了吗？再比较一下，外面非常冷时下的雪片与温和时下的雪片。

3.扩展活动：使用放大镜去比较一下窗户上、植物上和制冷器中霜的晶体，它们有哪些相似点和不同点？

4.扩展活动：制作你自己的雪片，先对折一张圆形的纸，然后分三份折，最后再次对折（如图），按照图案，把纸剪开，就成了一个雪，打开雪片，你自己的雪花属于10组中的哪一组？

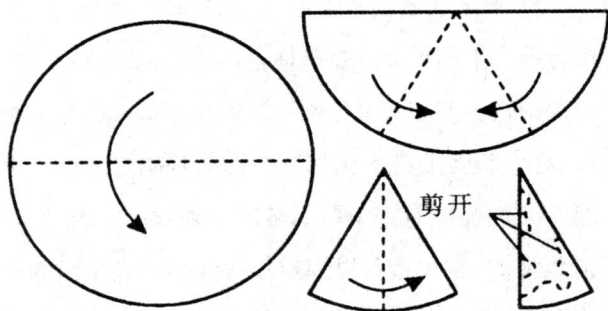

剪开

雪和冰的晶体类型		
名　称	符　号	例　子
六角形	⬡	❆
星晶体	✳	❅
六棱柱	▭	✎
针　状	↔	➶
树枝轮状	⊕	✕
加帽的柱体	⊟	⊞
不规则晶体	⋋	✾
软　雹	⋀	✿
雪　凇	△	⫼
冰　雹	▲	✿

▌▌▌ 话题：雪 分类

在术语上，"雪花"这个词被定义为在降落到地面的过程中黏在一起的一簇雪的结晶体，世界上最大的雪片直径为38厘米。一个大雪片以一小时五千米的速度降落，不同种类的雪晶体是由一定的环境造成的——尤其在云层和在地表附近的湿度和温度水平。有一个国际的制度把雪晶体大体分成10组，这个制度是建立在晶体结构的基础之上的，例如："软霰"（雪团）是指雪的晶体有一个厚而带冰的外衣；"雪松"是由光滑透明的结冻雨滴组成的；"雪霰"以固定形势降落，它是由固体的核和一层半透明的冰组成的。这种国际体制被应用到了雪上。雪晶体在到达地面上的时候会发生变动，失去它的原来的本体。当雪晶体融化的时候，它的部分混合成球状，最后变成一滴水。

教你一招

雪的成因

在天空中运动的水汽怎样才能形成降雪呢？是不是温度低于零度就可以了？不是的，水汽想要结晶，形成降雪必须具备两个条件：

一个条件是水汽饱和。空气在某一个温度下所能包含的最大水汽量，叫作饱和水汽量。空气达到饱和时的温度，叫作露点。饱和的空气冷却到露点以下的温度时，空气里就有多余的水汽变成水滴或冰晶。因为冰面饱和水汽含量比水面要低，所以冰晶生长所要求的水汽饱和程度比水滴要低。也就是说，水滴必须在相对湿度（相对湿度是指空气中的实际水汽压与同温度下空气的饱和水汽压的比值）不小于100%时才能增长；而冰晶呢，往往相对湿度不足100%时也能增长。例如，空气温度为-20℃时，相对湿度只有80%，冰晶就能增长了。气温越低，冰晶增长所需要的湿度越小。因此，在高空低温环境里，冰晶比水滴更容易产生。

另一个条件是空气里必须有凝结核。有人做过试验，如果没有凝结核，空气里的水汽，过饱和到相对湿度500%以上的程度，才有可能凝聚成水滴。但这样大的过饱和现象在自然大气里是不会存在的。所以没有凝结核的话，我们地球上就很难能见到雨雪。凝结核是一些悬浮在空中的很微小的固体微粒。最理想的凝结核是那些吸收水分最强的物质微粒。比如说海盐、硫酸、氮和其他一些化学物质的微粒。所以我们有时才会见到天空中有云，却不见降雪，在这种情况下人们往往采用人工降雪。

不在天空里凝结的雪花：雪都是从天空中降落下来的，怎么会有不是在天空里凝结的雪花呢？

1779年冬天，俄国彼得堡的一家报纸，报道了一件十分有趣的新闻。这则新闻说，在一个舞会上，由于人多，又有成千上万支蜡烛的燃烧，使得舞厅里又热又闷，那些身体欠佳的夫人、小姐们几乎要在欢乐之神面前昏倒了。这时，有一个年轻男子跳上窗台，一拳打破了玻璃。于是，舞厅里意想不到地出现了奇迹，一朵朵美丽的雪花随着窗外寒冷的气流在大厅里翩翩起舞，飘落在闷热得发昏的人们的头发上和手上。有人好奇地冲出舞厅，想看看外面是不是下雪了。令人惊奇的是天空星光灿烂，新月银光如水。

那么，大厅里的雪花是从哪儿飞来的呢？这真是一个使人百思不解的问题。莫非有人在耍什么魔术？可是再高明的魔术师，也不可能在大厅里耍出雪花来。

后来，科学家才解开了这个迷。原来，舞厅里由于许多人的呼吸饱含了大量水汽，蜡烛的燃烧，又散布了很多凝结核。当窗外的冷空气破窗而入的时候，迫使大厅里的饱和水汽立即凝华结晶，变成雪花了。因此，只要具备下雪的条件，屋子里也会下雪的。

雪花的形状

下雪时的景致美不胜收，但科学家和工艺美术师赞叹的还是小巧玲珑的雪花图案。远在一百多年前，冰川学家们已经开始详细描述雪花的形态了。

西方冰川学的鼻祖丁铎耳在他的古典冰川学著作里，这样描述他在罗扎峰上看到的雪花："这些雪花……全是由小冰花组成的，每一朵小冰花都有六片花瓣，有些花瓣象山苏花一样放出美丽的小侧舌，有些是圆形的，有些又是箭形的，或是锯齿形的，有些是完整的，有些又呈格状，但都没有超出六瓣型的范围。"

在中国，早在公元前一百多年的西汉文帝时代，有位名叫韩婴的诗人，他写了一本《韩诗外传》，在书中明确指出，"凡草木花多五出，雪花独六出。"

雪花的基本形状是六角形，但是大自然中却几乎找不出两朵完全相同的雪花，就像地球上找不出两个完全相同的人一样。许多学者用显微镜观测过成千上万朵雪花，这些研究最后表明，形状、大小完全一样和各部分完全对称的雪花，在自然界中是无法形成的。

在已经被人们观测过的这些雪花中，再规则匀称的雪花，也有畸形的地方。为什么雪花会有畸形呢？因为雪花周围大气里的水汽含量不可能左右上下四面八方都是一样的，只要稍有差异，水汽含量多的一面总是要增长得快一些。

世界上有不少雪花图案搜集者，他们像集邮爱好者一样收集了各种各样的雪花照片。有个名叫宾特莱的美国人，花了毕生精力拍摄了近六千张照片。苏联的摄影爱好者西格尚，也是一位雪花照片的摄影家，他的令人销魂的作品经常被工艺美术师用来作为结构图案的模型。日本人中谷宇吉郎和他的同事们，在日本北海道大学实验室的冷房间里，在日本北方雪原上的帐篷里，含辛茹苦二十年，拍摄和研究了成千上万朵的雪花。

但是，尽管雪花的形状千姿百态，却万变不离其宗，所以科学家们才有可能把它们归纳为前面讲过的七种形状。在这七种形状中，六角形雪片和六棱柱状雪晶是雪花的最基本形态，其他五种不过是这两种基本形态的发展、变态或组合。

雪对人体健康的益处

冬季，大雪纷飞，苍茫无际。人们在观赏玉树琼花之时，往往忽视了雪的作用。雪对人体健康有很多好处。《本草纲目》早有记载，雪水能解毒，治瘟疫。民间有用雪水治疗火烫伤、冻伤的单方。

经常用雪水洗澡，不仅能增强皮肤与身体的抵抗力，减少疾病，而且能促进血液循环，增强体质。如果长期饮用洁净的雪水，可益寿延年。这是那些深山老林中长寿老人长寿的"秘诀"之一。

雪为什么有如此奇特的功能呢？因为雪水中所含的重水比普通水

中重水的数量要少1/4。重水能严重地抑制生物的生命过程。有人做过试验，鱼类在含重水30%－50%的水中很快就会死亡。雨雪形成最基本的条件是大气中要有"凝结核"存在，而大气中的尘埃、煤粒、矿物质等固体杂质则是最理想的凝结核。如果空气中水汽、温度等气象要素达到一定条件时，水汽就会在这些凝结核周围凝结成雪花。所以，雪花能大量清洗空气中的污染物质。故每当一次大雪过后空气就显得格外清新。

据测定，一般新雪的密度每立方厘米为0.05－0.10克。所以，地面积雪对音波的反射率极低，能吸收大量音波，能为减少噪音做出贡献。

冰柱的奥秘

冰柱是一种逐渐变细的悬柱，它是由下落的水冰结冻形成的。先研究一下已存在的冰柱，然后，再自己做一个。

材料：放大镜；直尺；有一个旋转盖的2升饮料瓶；水；剪刀；细绳；纸；铅笔；食用色素——任选；铝箔酸杯。

步骤：

1.找一个带冰柱的建筑物，不要直接站在冰柱下面看它们，它们可能落下来砸伤你。屋顶是什么颜色的？它是用什么材料构成的？屋顶的颜色和材料对冰柱的形成有何影响？建筑物哪一面的冰柱更多？为什么？你怎样描述这些冰柱？为什么它们长度不同？

2.用放大镜观察冰柱，它的表面看起来像什么？冰柱总是光滑的吗？你能透过它们看到别的东西吗？

3.测量几个冰柱——它们的长度和底部的直径，你找到的最长的冰柱有多长？最粗的有多粗？最细的有多细？

4.把一个冰柱折成两段。它是怎样折断的？用一个放大镜去观察各层的冰，研究冰柱是怎样形成的？

5.在一个饮料瓶里倒入3/4的水（如果你愿意，你可以在水中加一些食用色素），把瓶盖盖上。在瓶子的一边接近底部的位置钻一个洞，用一根绳子把这个瓶子挂在外面。当水从洞中滴下的时候，冰柱就形成了，冰柱形成大约花费多长时间（每小时检查一下瓶子）？冰柱有多长？在瓶子里的水结冻了吗？用不同尺寸的洞做这个实验，洞的大小与形成的冰柱有什么关系y空气的温度也将影响冰柱的形成。

6. 扩展活动：冰柱是怎样形成的？在一个冷天，往一个铝箔酸杯中倒入水，然后把杯子放在外面的雪中，用放大镜观察水的结冰过程。冰首先在哪儿开始形成？冰往什么方向蔓延？冰晶看起来像什么？水完全结冰需要多长时间？

话题：雪 物质状态

冰柱既美丽又有趣，在某些地方，随着温度的变化，你能看见不同长度和不同粗细的冰柱。在整个冬天和春天，尤其是在温度起伏不定时，冰柱会反复形成。

天气记录是非常有用的，例如，它们能帮助你判断一个地方是否能有足够的降雪，来建滑雪场，也能判断太阳能否在某一区域发挥作用，还可以用来判断在指定的区域进行农业生产是否切合实际，气象学家可以回顾历史上的天气记录，并且根据平均值和极值给人们提出一些建议。

教你一招

冰雹

人们常称为雹。冰雹是在对流云中形成，当水汽随气流上升遇冷会凝结成小水滴，若随着高度增加温度继续降低，达到摄氏零度以下时，水滴就凝结成冰粒，在它上升运动过程中，并会吸附其周围小冰粒或水滴而长大，直到其重量无法为上升气流所承载时即往下降，当其降落至较高温度区时，其表面会融解成水，同时亦会吸附周围之小水滴，此时若又遇强大之上升气流再被抬升，其表面则又凝结成冰，如此反复进行如滚雪球般其体积越来越大，直到它的重量大于空气之浮力，即往下降落，若达地面时未融解成水仍呈固态冰粒者称为冰雹，如融解成水就是我们平常所见的雨。冰雹和雨、雪一样都是从云里掉下来的。不过下冰雹的云是一种发展十分强盛的积雨云，而且只有发展特别旺盛的积雨云才可能降冰雹。

雪蚀作用

冰缘气候条件下积雪场频繁的消融和冻胀所产生的一种侵蚀作用。产生雪蚀作用的地区分布在没有冰盖的极地和亚极地以及雪线以下、树线以上的高山带。那里年均气温为0℃左右，属于永久冻土带。雪场边缘的交替冻融，一方面通过冰劈作用使地表物质破碎；一方面雪融水将粉碎的细粒物质带走，故雪蚀作用包括剥蚀和搬运两种作用。随着雪场底部加深，周边扩大，山坡上逐渐形成周边坡度小的宽浅盆状凹地，即雪融凹地。其形态、成因和空间分布均不同于冰斗，但两者又有联系。当气候进一步变冷、雪线下降时，雪蚀凹地可发育成冰斗；反之，气候转暖、冰川消退时，冰斗可退化为雪融凹地。不同自然地理条件下的雪蚀作用方式和速度各不相同。在纬度较低、降水量大、年冻融日数多的地方，雪蚀作用速率较快，雪蚀凹地深、面积大。如中国东北小兴安岭地区，雪蚀凹地十分普遍。反之，在纬度高、降水量少、夏温低的地方，雪蚀作用就弱。地面坡度的影响是：坡陡>40°，雪场不易存在；平地上雪蚀作用极慢；30°左右的坡地上，雪蚀作用最为活跃。

春暖时节积雪融化成水而汇流成的汛期，叫作春汛。不少人都有这样的感觉，融雪天比下雪天冷，这是因为积雪的消融需要消耗大量的热。雪的融化潜热比较大，把1克零度的雪融化成为零度的水，需要热量79.67卡。换句话说，这些热量可以把同样重量的零度的水，升温到79.67℃。由于融雪需要消耗一定的热量，因此，在春汛期间，大地上的气温还不能升高，将出现一段春寒时期。

每年夏天我国长江黄河等大河流都要进行防洪抗洪，因为这时是这些大河流的汛期，河道里的水量最大。但是世界上有些河流，例如苏联的额尔齐斯河、鄂毕河、叶尼塞河、勒拿河以及加拿大平原上的一些河流，它们的主汛期不在夏天而是在春天，春汛是全年最大的汛期，远远超过夏汛的规模。

原来这些河流流经的平原地区有很厚的积雪，并且这些地区春季暖气团活动频繁，暖气团过境时水汽遇到积雪表面便降温发生凝结现象，1克水汽凝结时释放出来的潜热有597卡，能使7.5克的积雪消融。因此，平原地区有些地方尽管积雪很深，却能在几天里就被暖气团消融得干干净净，融化的雪水流入大量河道，这是造成春汛泛滥的主要原因。

我国西部地方一些内流河，春汛也是那里最大的汛期，而且来势特别猛，有时造成水灾。可是这些地方一到夏天，河流里的水量反而迅速减少，进入枯水季节。像发源于准噶尔界山的额敏河，春天水量特别丰富，一到夏天，水量小到清澈见底，只有靠少量地下水渗入才不至于断流。

这些河流主要发源于山区，在山区冬天降下的积雪没有融化，到春天时这些积雪受太阳辐射而融化形成了内陆河一年中难得一见的汛期。在一些高山地区，山顶常年存在积雪，但是这些积雪在一定高度以上常年不化，这个高度叫作雪线，只有在雪线以下的积雪春天才会融化。我国内陆河大多流经干旱区，水量少。但是在春汛期间河水来的特别猛烈集中，也要进行抗洪，所以在沙漠地区发生洪水也不是天方夜谭。

在中国北方的绝大部分地区，春汛是灌溉农田的最宝贵的水源。冬天季节积雪的多少，融雪后形成的春汛的大小和迟早，都与北方地区的农牧业生产悠息相关。总的说来，中国的季节积雪是偏少的，属于少雪的国家，因而许多地方不是担心春汛过大，而是苦于春汛不足，发坐春旱现象。华北和西北的一些地方，春旱现象经常发生。相比之下，东北平原春旱极少出现，原因就在于那里冬天的季节积雪多，而且春天的汛期不太凶猛却又延续时间比较长。

雪崩的危害

人类短跑的世界冠军，不过每秒钟跑11米；动物界的短跑冠军猎豹在追捕猎物时出现的闪电般的速度，不过每秒钟跑30.5米；12级的强大台风，不过每秒钟跑 32.5 米。但是雪崩却能够达到每秒钟 97 米的惊人程度。例如：1970 年秘鲁的大雪崩，雪崩在不到三分钟时间里飞跑了 14.5 千米路程。也就是说，每秒钟平均达到近 90 米的速度。

雪崩的破坏力十分强大，这主要和它的速度有关。高速运动的物体会产生强大的冲击力。一颗子弹，当你用手拿着它碰到人体时，一点也看不出它有什么危险。但是当它从枪筒里高速飞射出来时，能够把人置于死地。飞机最怕在空中与小鸟相撞，那是因为高速飞行的飞机常常会被小鸟撞破前舱的玻璃。

雪崩的冲击力量是非常惊人的。运动速度大的雪崩，能使每平方米的被打物体表面，承受 40—50 吨的力量。世界上根本就没有哪些物体，能够经受得住这样巨大的冲击力。即使是郁郁葱葱的森林，遇到高速运动的大雪崩，也会像理发推子推过我们的头顶一样，一扫而光。

雪崩造成灾害的另一个原因是雪崩引起的气浪。雪崩体在高速运动过程中，能够引起空气剧烈的振荡，在雪崩龙头前方造成强大的气浪。这种气浪有些类似于原子弹爆炸时的冲击波，力量是很大的。秘鲁 1970 年的大雪崩所引起的气浪，把地面上的岩石碎屑卷扬起来，竟使附近地方下了一场稀奇的"石雨"。

在陡岩或者河谷急转弯的地方，雪崩体很可能被阻停留下来。而雪崩气浪却很难停止，它会继续沿着雪崩运动的方向爬山越岭。因此，雪崩气浪的作用范围要比雪崩体大得多。雪崩气浪也能摧毁森林、房屋和其他工程设施。它越过交通线路时，甚至能倾覆车辆。人遇到它，即使刮不走，也会被它窒息而死。

雪崩同战争一样，带给人们的都是无穷的灾难，它们之间好似有不解之缘。

小气候大文章

在阳光下很热时，在树荫下却凉快得多，关于小气候的研究表明了在很小的区域内也会存在一些差异。

材料：温度计；纸；铅笔；温度计——任选。

步骤：

1.在几米的范围内你能找到几种不同的小气候？比较一下开阔无遮盖的地方和有遮蔽的地方。记下每处的位置和温度。

2.测量每处刚好靠近地面的温度，然后，在无风或微风的情况下，测量地面以上1.5米处的温度。每当你测量温度时，把温度计在一个地方放上几分钟，以得到一个恒稳的读数，找一找树洞或地上的洞，洞内的气温比刚好在洞外的气温高吗？找一些不同的地面材料和结构，测量并比较靠近草丛、路面、砂砾和树木等地点的温度，比较斜坡上和水沟里的温度；或者比较树的根基处，长在较低处的树枝和外侧的枝梢处的差别。如果你有照度计，测测日光的读数。

3.当你测量温度数的同时，注意一下在不同地点发现的动植物。在开阔的阳光充足的地方发现的动植物和在阴暗处发现的一样吗？在哪里发现的植物最多？

4.你找到哪种小气候最热？最冷？阳光最充足？最黑？最干？最潮？这些小气候有多么接近？为什么同一区域内不同高度的温度不同？

5.扩展活动：画一张地画，标明不同小气候的位置。

话题：天气状况　栖息地　测量　制图

"天气"是指某一特定地区在某一时间的大气状况。"气候"是指某一地区平均的天气状况（如温度、风、降雨）。通常是对一年中每一天的天气状况测量后得到的（如一个高温地区可以说有较热的气候）。天气和气候的差别就像你的通常很和蔼的朋友（气候）有一天心情不好（天气）一样。影响气候的一个主要的因素是"纬度"，即一个地方到赤道的距离。赤道附近的地区接受太阳能量多，所以也就最热。另一个重要的影响因素是大洋洋流。加拿大的纽芬兰和英国几乎处在同一纬度，但加拿大的气候却比英国冷，其原因就是寒冷的拉布拉达洋流的影响。还有一个影响气候的因素就是海拔高度。

气候是在一个非常小的地区内，比如在树下、池塘边或田里，热度、亮度和温度的综合情况。这个活动的重点在于了解各种各样小气候的温度。当人们谈论"温度"时，他们通常是指气温。普遍性的气温是天气的一个重要因素。不过，你亲自体会的温度才是你所在地点的真正的特征。比如，有一种倾向，地面以上越高就越冷，在小到只有几米的范围内，温度也可有很大的差异。在一个很小的地区，当"官方报道的气温"是31℃时，这里所记录的温度从16℃到51℃不等，某一特定地区的小气候决定着这个地区动植物的种类和数量。

教你一招

温　度

根据某个可观察现象（如水银柱的膨胀），按照几种任意标度之一所测得的冷热程度。温度是物体内分子间平均动能的一种表现形式。分子运动愈快，物体愈热，即温度愈高；分子运动愈慢，物体愈冷，即温度愈低。从分子运动论观点看，温度是物体分子运动平均动能的标志。温度是分子热运动的集体表现，含有统计意义。

对于真空而言，温度就表现为环境温度，是物体在该真空环境下，物体内分子间平均动能的一种表现形式。物体在不同热源辐射下的不同真空里，物体的温度是不同的，这一现象为真空环境温度。比如，物体在离太阳较近的太空中，温度较高，物体在离太阳较远的太空中，温度较低。这是太阳辐射对太空环境温度的影响。

气　温

大气层中气体的温度是气温，是气象学常用名词。它直接受日射所影响：日射越多，气温越高。中国以摄氏温标（℃）表示。气象部门所说的地面气温，就是指高地面约1.5米处百叶箱中的温度。

地面气温的测量

气象台站用来测量近地面空气温度的主要仪器是装有水银或酒精的玻璃管温度表。因为温度表本身吸收太阳热量的能力比空气大，在太阳光直接曝晒下指示的读数往往高于它周围空气的实际温度，所以测量近地面空气温度时，通常都把温度表放在离地约1.5米处四面通风的百叶箱里。气象部门所说的地面气温，就是指高地面约1.5米处百叶箱中的温度。

温度标度及等级

开尔文单位——以绝对零度作为计算起点的温度。即将水三相点的温度准确定义为273.16K后所得到的温度，过去也曾称为绝对温度。开尔文温度常用符号表示；其单位为开尔文，定义为水三相点温度的1/273.16，常用符号K表示。开尔文温度和人们习惯使用的摄氏温度相差一个常数273.15，即=+273.15（是摄氏温度的符号）。例如，用摄氏温度表示的水三相点温度为0.01C，而用开尔文温度表示则为273.16K。开尔文温度与摄氏温度的区别只是计算温度的起点不同，即零点不同，彼此相差一个常数，可以相互换算。这两者之间的区别不能够与热力学温度和国际实用温标温度之间的区别相混淆，后两者间的区别是定义上的差别。热力学温度可以表示成开尔文温度；同样，国际实用温标温度也可以表示成开尔文温度。当然，它们也都可以表示成摄氏温度。所以 1c=274.15k 0c=273.15K

华氏温标——华氏度（Fahrenheit）和℃（Centigrade）都是用来计量温度的单位。包括中国在内的世界上很多国家都使用℃，美国和其他一些英语国家使用华氏度而较少使用℃。它是以其发明者Gabriel D. Fahrenheir（1681－1736）命名的，其结冰点是32°F，沸点为212°F。1714年德国人法勒海特（Fahrenheit）以水银为测温介质，制成玻璃水银温度计，选取氯化铵和冰水的混合物的温度为温度计的零度，人体温度为温度计的100度，把水银温度计从0度到100度按水银的体积膨胀距离分成100份，每一份为1华氏度，记作"1℉"。

摄氏温标——它的发明者是Anders Celsius（1701-1744），其结冰点是0℃，沸点为100℃。1740年瑞典人摄氏（Celsius）提出在标准大气压下，把冰水混合物的温度规定为0度，水的沸腾温度规定为100度。根据水这两个固定温度点来对玻璃水银温度计进行分度。两点间作100等分，每一份称为1℃。记作1℃。

摄氏温度和华氏温度的关系：$T℉ = 1.8t℃ + 32$（t为摄氏温度数，T为华氏温度数）。

摄氏温度和开尔文温度的关系：$℃K = ℃ + 273.15$

温度的等级

极寒	−40℃或低于此值	奇寒	−35 ~ −39.9℃
酷寒	−30 ~ −34.9℃	严寒	−20 ~ −29.9℃
深寒	−15 ~ −19.9℃	大寒	−10 ~ −14.9℃
小寒	−5 ~ −9.9℃	轻寒	−4.9 ~ 0℃
微寒	0 ~ 4.9℃	凉	5 ~ 9.9℃
温凉	10 ~ 11.9℃	微温凉	12 ~ 13.9℃
温和	14 ~ 15.9℃	微温和	16 ~ 17.9℃
温暖	18 ~ 19.9℃	暖	20 ~ 21.9℃
热	22 ~ 24.9℃	炎热	25 ~ 27.9℃
暑热	28 ~ 29.9℃	酷热	30 ~ 34.9℃
奇热	35 ~ 39℃	极热	高于40℃

火险的忠告

计算和报道你周围地区的火险级别能说明天气和环境之间的密切关系，并会督促你注意用火安全。

材料： 纸；铅笔。

步骤：

1. 仔细观察你周围的环境并按照以下5个方面，把火险分成1级（低级火险）到5级（高级火险）。

· 风力——从1到5由微风到大风。

· 相对湿度——从1到5由高湿度（空气非常潮湿）到低湿度（空气十分干燥）。

· 地表湿度——从1到5由非常湿润到非常干燥。

· 植物状况——从1到5由大量水分充足的绿色植物到许多由于日晒而变得干旱的褐色植物。

· 距上次降大雨的天数——1代表1天；2代表2天，3代表4天，4代表6天；5代表8天或8天以上。

例如：如果风力很小，可以把它定为2，如果相对湿度适中，可以把它记作3，对于"距上次降大雨天数"的计算，你可以用实际天数来代替由1到5的分类法（例如：若距上次降大雨已有6天的时间，你可以用6来代替通常换算中的4），这将取决于你周围地区的常量，如坡度和排水量。如果某地区排水迅速你就应该对降雨因素给予更多的重视。

2.把以上5种等级数加到一起，然后除以5，就得到了这一天火险的平均指数。例如：如果风力：2；相对湿度：3；地表湿度：4；植被状况：2；距上次降大雨的天数：4；它们的和是15，被5除后是3，那么火险指数即为3。

3.火险指数如为1是低级火险，2—3是中级火险，4—5是高级火险，记录每天的火险指数，看看一两个星期内火险指数如何变化，是什么导致它的变化呢？

话题：天气状况　栖息地　测量

很少的森林火灾是由闪电或营火导致的。绝大多数都是由粗心的吸烟者和燃烧废物不当引起的。火险受各种常量和变量的影响。某地区的常量包括这一地区的坡度、排水量、海拔高度、受大风的影响程度、燃料的密度、面积、数量、分布及排列。变量每日均会发生变化，它包括风速，湿度，绿色植被的易燃性，以及森林地面干燥；燃料的易燃性和湿度。

"7点之前掉雨点，11点之后准晴天。"

这句谚语揭示了不只是在7点之前，而是任何时候下雨规律：锋面带来的雨带一般不会超过6个小时。

情景再现

预知气候的气象站

　　天气这个主题的"情景再现"活动，如果你要做整套的活动，你需要准备好建立一所气象站的所有器材，但你不必用所有的器材来开始天气预报，一个大概的天气预报可以只用风向标和一些观察设备来做，如果你用了温度计和气压计，天气预报则会更详细精确了。

　　过去，天气预报是基于一些预测手段如气温、气压、风速、风向等方式来进行的，人们利用这些东西来描绘复杂的天气图，然后分析它，通过每6小时到12小时重复这种过程，人们能估计出风速、风向和气流的整体运动趋势。现在气象卫星已经极大地改变了这些事情，气象学家能观察地球上空大面积的阴云动向，不断的卫星图片可以很容易地取得并提供完整的、精确的，整个气象系统在一段时期内的信息、气象信息仍然可以从传统的气象工具如温度计或气压计中得到补充。另外，许多业余的天气预报者或人们可以使用传统工具来预报天气，或者是能够根据其他迹象判断天气变化，这是因为天气的变化与他（她）们的生活息息相关（如农民）。

　　下面几页描述的气象站包括所有的在天气预报中使用的传统工具。这一系列活动由温度测量开始，温度计是一个容易使用，人们所熟悉的并能很快提供结果的工具，虽然每个工具都不是很难使用，但后面的活动却增加了难度。在这些活动中，你可以学到如何判断风速、风向、云彩移动、云形、气压及湿度、露点和锋面等信息，这一系列活动的最后一项是如何对气象预报及天气条件记录。记录纸能帮你记住每天的气象信息，并且可以用来观察一段时期内的天气变化。

极简热身和复杂运动中与天气这个主题相关的活动可以作为气象站活动的补充。例如：复杂运动部分提供了有关云和雨形成的背景信息。

当你把自己的气象站建立起来后，为什么不去参观一个真的气象站呢？当地的天气预测服务部门能帮助你安排好这次参观。

区分冷热的温度

温度计是每个气象站的必需备件，以基本的气温记录开始，自己制作温度计。

材料： 两个温度计；鞋盒；带子；尺；饮料瓶；塑料管；水；红色食用色素；纸巾；稻草；硬纸板或硬纸；纸；铅笔；图表纸——任选；轻机油。

100℃
水沸腾

30℃
炎热的夏天

0℃
水结冻

−20℃
寒冷的冬天

步骤：

1.太阳光和阴影，在不同的地点记下阳光直射下的气温和阴凉处的气温，哪个气温更多些？为什么？为什么应该在阴凉处测量气温？

2.一天中的时间：在一天中的5个不同时间测量气温：清晨、上午、中午、下午、黄昏，什么时候气温最高？气温是多少？什么时候气温最低？气温又是多少？一天中的平均气温是多少？你用什么词来形容一天中的气温？

3.风的影响：某一天如果刮风，用两个温度计去测量风对温度计的影响，用胶布将温度计粘在鞋盒外部，再将另一个温度计置于鞋盒

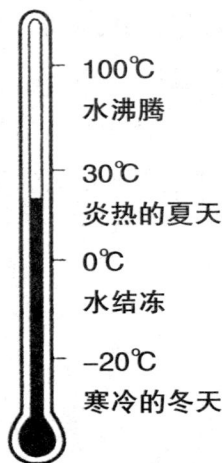

内，将鞋盒放于室外，并使风直接吹在室外的温度计上，而盒内部的温度计须保护起来，使风吹不到，两个温度计均不在阳光直射下，比较两个温度计的度数，并将温度计置于不同地点再试几次，哪个温度更低呢？为什么呢？注：一个气温低的日子会有更大的区别；如果天气暖和些，你将温度计弄湿，区别也同样很大。

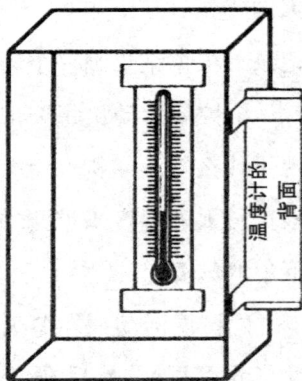

4.制作一个温度计：将一个饮料瓶，在室温下基本装满水，然后用红色食用色素将它染红，用纸巾将瓶嘴擦净（将稻草塞进，然后把塑料管塞进稻草直到水中，再用粘土封口，最后将粘土推着稻草进入瓶内，迫使管内的水柱上升超过稻草）如果水柱没有上升，上下移动稻草，然后再向下紧紧压住粘土塞。为防止水分蒸发，在稻草上滴少许轻机油，剪下一块硬纸板，长度与瓶口以上的稻草一样。做一个0刻度线，以上每一厘米一格，从下到上，标上数字。现在，你就有一个可测量温度的温度计了，水柱上升越高，说明温度越高，在不同温度的条件下做实验，包括室内、室外（因为水量较大，使水的温度与外界温度一致需更长时间，所以测量时须将此温度计放在你想测量的地方数小时，然后再读数）。除了气温外，什么因素也可与导致自制的温度计读数变化呢？（例如：气压）

5.变化：用一支在商店买的温度计测量一

天的气温（从上午9点到下午5点），在测量过程中每隔一小时做一次记录，根据结果画一个简单的图表，气温结构如何？什么时候最热？

6.扩展活动：每天记下每小时的气温，坚持至少一个星期，你发现了什么气温结构？每天温度大致上升多少？第二周，看看你能不能根据早上的温度来推测中午的气温？然后再依据正午的气温来预测到下午的气温？

7.扩展活动：在冬天的时候，大致计算寒风的程度，衡量一下风速（看下页）。然后在一个棚子里记录气温。用寒风程度表来决定寒风程度。举个例子，在风速30千米每小时气温零下15℃的条件下，寒风程度是零下32℃。

风 冷 图						
	风速（千米／小时）					
	10	20	30	40	50	60
5	4	-2	-5	-7	-8	-9
0	-2	-8	-11	-14	-16	-17
-5	-7	-14	-18	-21	-23	-24
-10	-12	-20	-25	-28	-30	-32
-15	-18	-26	-32	-35	-38	-39
-20	-23	-32	-38	-42	-45	-47
-25	-28	-39	-45	-49	-52	-54
-30	-33	-45	-52	-56	-60	-62
-35	-39	-51	-59	-64	-67	-69
-40	-44	-57	-65	-71	-74	-77

空气温度（摄氏度）

话题：天气情况　测量

温度是空气的冷热程度。一个地区因太阳照射而变热，随着热量散发到地面上及大气中后又变冷。一天中温度最低的时候是在太阳升起之前，因为此时地面整个晚上都失去热量，温度可由℃或华氏度的方法表示（华氏度，如在美国，将℃变成华氏度的方法是将℃乘以1.8再加上32）。在商店买的温度计包括窄长的玻璃管，里面装有水银或着色的酒精，当温度上升时，水银或酒精膨胀，在管内上升，水银或酒精到达的刻度线便是所测量的温度。自己做的里面装水的温度计也是以相同原理工作的，热使水柱膨胀上升。

当你测量气温时要注意两点：第一，温度计必须在阴凉处测量，因为你要测量的是周围大气的温度，并不是经太阳加热后的温度。第二，每次读数时，须将温度计放在某个位置数分钟后再读，这样就比较精确了。

寒风也与空气温度有关，你有没有注意到在冬天里，如果刮起大风，你就感到很冷。风有降温作用，它降温的程度可称为寒风因素。这个寒风因素表示当风在以某个速度刮时，你感到多冷？其实，风并没有真的使温度降低，它只是改变了温度被感觉的因素。举个例子：当你将湿的手指放在风中，你可以说出风的方向，因为手指在被风吹的一面更冷，风使你的手上的水分蒸发，从而使手变冷。一个高寒风因素可以有更大的影响，如：水结冰更快、给建筑物加热须更多能量、表面的皮肤更快地冻结等。

教你一招

温度对自然环境的影响

地球人类对大气的无节制排放所引起的地球整体升温，厄尔尼诺现象，地球温室效应，对整个地球的生态平衡同时也影响这人类和谐发展。

温度对物理性质的影响

温度(°C)	音速(m/s)	空气密度(kg/m3)	声阻抗(s/m3)
−10	325.4	1.341	436.5
−5	328.5	1.316	432.4
0	331.5	1.293	428.3
5	334.5	1.269	424.5
10	337.5	1.247	420.7
15	340.5	1.225	417.0
20	343.4	1.204	413.5
25	346.3	1.184	410.0
30	349.2	1.164	406.6

温度对人体的影响

生理学家研究认为，30℃左右是人体感觉最佳的环境温度，也是最接近人皮肤的温度。

33℃——汗腺开始启动 在这种温度下工作2-3小时，人体"空调"——汗腺就开始启动，通过微微出汗散发蓄积的体温。

35℃——散热机能立即反应 此时，浅静脉扩张，皮肤冒汗，心跳加快，血液循环加速。对个别年老体弱散热不良者，需要配合局部降温，或启动室内空调降低人体温度。

36℃——一级警报 在这个温度中，人体通过蒸发汗水散发热量进行"自我冷却"，每天要排出汗液和钠、维生素及其他矿物质，血容量也随之减少。此时，要及时补充含盐、维生素及矿物质的饮料，以防体内电解质紊乱，同时还应启动其他降温措施。

38℃——二级警报 气温升至38℃，人体汗腺排汗已难以确保正常体温，不仅肺部急促"喘气"以呼出热量，就连心脏也要加快速度，输出比平时多60%的血液至体表，参与散热。这时，降温措施、心脏药物保健及治疗均不可有丝毫的松懈。

39℃——三级警报 汗腺疲于奔命地工作，此时容易出现心脏病猝发之危险。

40℃——四级警报 高温已令人头昏眼花，此时人必须立即到阴凉地方或借助冰块等降温，有不适者需马上送医院治疗。

41℃——特别小心 人体排汗、呼吸、血液循环……一切能参与降温的器官，在开足马力后已接近强弩之末，此时对体弱多病的患者和老年人来说，是一个"休克温度"，一定要特别小心。

风语者

风就是空气的运动。判定风速需要用鲍福特风力等级或一种叫作测风仪的仪器。

材料：木条；锤子；钉子；长钉子；硬纸板；指南针；铝箔；胶布；剪子；铅笔；大头钉。

步骤：

1.做一个风扇。将一根木棒钉在一个小的底座上，在硬纸板上画个大圈。然后剪下此圈的1／4，订在木棒上（如图示）。在木棒的顶端钉一根长钉子，将一条宽铝箔小心地使其下垂并能自由运动，并将铝箔两边粘上。

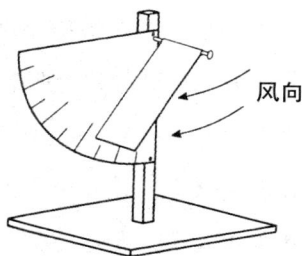

风向

地球表面高空的风是由充氦的大气球来测量的，气球和风以同样的速度及方向运动。气球的运动则可由探测仪或雷达来测定。

2.铝箔片很容易被微风吹起，你也可以将其做得更重一些。这样就可以测量较强的风，你可以做两个测风仪：一个用来测量小的风速，另一个用来测量大的风速。

鲍福特风力等级		
鲍福特 压力	风速(千米/小时) 地面以上10米	描述特征
0	小于1	平静:烟垂直上升。
1	1~5	轻风:不能吹动风向标,但使烟飘移。
2	6~11	微风:脸可感受到风吹,叶子沙沙响,风向标身。
3	12~19	柔风:树叶和小树枝和轻的旗吹动。
4	20~28	小风:扬起灰尘和纸片小枝移动。
5	29~39	中风:小树轻摇。
6	40~50	较大风:大树枝摆,难以打伞。
7	51~61	接近强风:整棵树摇,迎风走路不适。
8	62~74	强风:小枝从树上折断,难以迎风走路。
9	75~88	大强风:对建筑物有损伤,瓦片吹落。
10	89~102	风暴:树连根拔起,损坏性强。
11	103~117	巨型风暴:大面积的损坏性。
12	118及以上	飓风:内陆少见,暴力性的损坏性。

3.用不同的方法调整刻度，一种方法就是使用日常的天气信息。当你知道今天的风速后，就在圈上画一个刻度表示速度。你也可用汽车来调整刻度。选一个大风的日子和一个交通不拥挤的地区。当一个成人驾驶时，手举你的小器件伸出窗外一臂长。汽车应以每小时5千米的速度前进，然后每次增加5千米，直到速度到达50千米每小时。（注意：做这个实验时要特别小心）。每增加5千米，就在纸片上画一个格。你可以向相反方向再开车做一遍，以检查你的刻度是否正确。

4.将你的测风仪尽可能高地挂在远离树木、建筑物及其他障碍物的地方。调整其位置以使风能刮向铝箔片。风越大，铝箔刮得越猛，风速可由铝箔片的位置所在的刻度读出。

5.估计风速可用鲍福特风速等级，然后跟你测出的风速相比较。

话题：天气情况　测量

　　风从高压区向低压区流动。两个气压区压力差别越大，风也就越大。举个飓风的例子，飓风中心的低压区使空气以很高的速度向里运动而产生了飓风。空气从高压到低压的运动最终使气压平衡，风暴也就消失了。风的速度是以每小时几千米测算的。测风仪就是这样一个测量风速的仪器。普通的测风仪是由三到四个小杯子连通在一个像自行车轮子的辐条上而组成的。辐条在风吹的时候带动中间的辐转动。风速也就从轴子的旋转中显示出来。风速也可由鲍福特风力等级表示。1805年，弗朗西斯，鲍福特先生规定了一种单位，可根据风对外界物体的影响来测量风速，提供的表格可用于测量陆上风速。同时也有用于测量海上风速的单位；此单位由海浪的外形和重力来决定。

教你一招

风的分类

　　风速是指空气在单位时间内流动的水平距离。根据风对地上物体所引起的现象将风的大小分为13个等级，称为风力等级，简称风级。风力等级表是根据平地上离地10米处风速值大小制定的。在一般情况下以0—12级共13个级别表示，但在特殊情况下存在13级以上的风力等级。比如：在2008年台风"桑美"袭击福建时，瞬时风力达19级（68米每秒）。

风由风矢表示，由风向杆和风羽组成。

风向杆：指出风的业向，有8个方位。

风羽：由3、4个短划和三角表示大风风力，垂直在风向杆末端右侧（北半球）。

常见风

阵风——当空气的流动速度时大时小时，会使风变得忽而大，忽而小，吹在人的身上有一阵阵的感觉，这就是阵风。

旋风——当空气携带灰尘在空中飞舞形成漩涡时，这就是旋风。

焚风——当空气跨越山脊时，背风面上容易发生一种热而干燥的风，就叫焚风。

龙卷风——龙卷风是一个猛烈旋转的圆形空气柱。远远看去，就像一个摆动不停的大象鼻子或吊在空中的巨蟒。

风之向

风向是天气情况中很重要的因素，下面用风向标来测出风的方向。

材料：稻秆，硬纸板，剪子，大头针，带橡皮的铅笔，胶带；小珠子，剪纸刀，尺子，纸，铅笔——任选。

步骤：

1.如图制作一个风向标，切开稻草秆，使其夹住硬纸板，并用胶带固定。此风向标由于是用大头针固定的，所以可自由移动，并且可指明方向。此标从固定点到尾部的距离长于其到箭头的距离，这样就使风的影响集中在尾部，你也可加纸片使之平衡，在稻秆与铅笔之间的小珠子可减少摩擦，使风向标自由滑动。

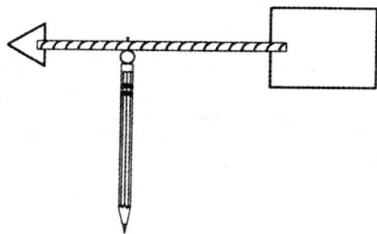

2.箭头指向风刮过来的方向。在一个开阔的地方，使用此风向标，这个地方不要有树，也不要有其他阻碍物，而且风向标须放置在高出地面部分。如果箭头总是左右摇晃不定，那么这个风向标可能被放在了因有阻碍物而使风向总变的地方。

3.扩展活动：你可以做一个可以放铅笔的支架。并写下南北、东西，这样你就可以马上测出风向是十分有用。

4.扩展活动："风花"对于测量风向十分有用，用一个圆规画出6个或6个以上的同心圆，用尺子将圆分割成8份（如图），每天测风的方向测一周，每天在"风花"中做一个记号。如图所示，标明刮西风6次，西南风5次，南风3次，东南风，东风，东北风各2次。"风花"表明，此段时期西风、西南风为主要风向。制作几个风花去观察在你住的区域，在一年之中，什么风向占据主导地位。

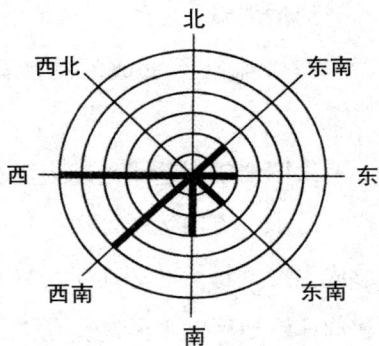

话题：天气情况　测量

风向标随着天气情况而改变方向，而风向也就决定了它们的方向。举个例子，如果风从西向东刮。此风就叫作西风，风向标就用做指示风的方向。风向标的尾部由风刮的方向来控制，所以箭头所指的就是风刮来的方向。

教你一招

风的能量

空气流动所形成的动能即为风能。风能是太阳能的一种转化形式。

太阳的辐射造成地球表面受热不均，引起大气层中压力分布不均空气沿水平方向运动形风。风的形成乃是空气流动的结果。风能利用形成主要是将大气运动时所具有的动能转化为其他形式的能。在赤道和低纬度地区，太阳高度角大，日照时间长，太阳辐射强度强，地面和大气接受的热量多、温度较高；再高纬度地区太阳高度角小，日照时间短，地面和大气接受的热量小，温度低。这种高纬度与低纬度之间的温度差异，形成了南北之间的气压梯度，使空气做水平运动，风应沿水平气压梯度方向吹，即垂直与等压线从高压向低压吹。地球在自转，使空气水平运动发生偏向的力，称为地转偏向力，这种力使北半球气流向右偏转，南半球向右偏转，所以地球大气运动除受气压梯度力外，还要受地转偏向里的影响。大气真实运动是这两力综合影响的结果。

实际上，地面风不仅受这两个力的支配，而且在很大程度上受海洋、地形的影响，山隘和海峡能改变气流运动的方向，还能使风速增大，而丘陵、山地却摩擦大使风速减少，孤立山峰却因海拔高使风速增大。因此，风向和风速的时空分布较为复杂。

在有海陆差异对气流运动的影响，在冬季，大陆比海洋冷，大陆气压比海洋高风从大陆吹向海洋。夏季相反，大陆比海洋热，风从海洋吹向内陆。这种随季节转换的风，我们称为季风。所谓的海陆风也是白昼时，大陆上的气流受热膨胀上升至高空流向海洋，到海洋上空冷却下沉，在近地层海洋上的气流吹向大陆，补偿大陆的上升气流，低层风从海洋吹向大陆称为海风，夜间（冬季）时，情况相反，低层风从大陆吹向海洋，称为陆风。在山区由于热力原因引起的白天由谷地吹向平原或山坡，夜间由平原或山坡吹向，前者称谷风，后者称为山风。这是由于白天山坡受热快，温度高于山谷上方同高度的空气温度，坡地上的暖空气从山坡流向谷地上方，谷地的空气则沿着山坡向上补充流失的空气，这时由山谷吹向山坡的风，称为谷风。夜间，山坡因辐射冷却，其降温速度比同高度的空气交快，冷空气沿坡地向下流入山谷，称为山风。当太阳辐射能穿越地球大气层时，大气层吸收能量，其中一小部分转变成空气的动能。因为热带比极带吸收较多的太阳辐射能，产生大气压力差导致空气流动而产生风。至于局部地区，例如：在高山和深谷，在白天，高山顶上空气受到阳光加热而上升，深谷中冷空气取而代之，因此，风由深谷吹向高山；夜晚，高山上空气散热较快，于是风由高山吹向深谷。另一例子，如在沿海地区，白天由于陆地与海洋的温度差，而形成海风吹向陆地；反之，晚上陆风吹向海上。

风向是指风吹来的方向，例如北风就是指空气自北向南流动。风向一般用8个方位表示，分别为：北、东北、东、东南、南、西南、西、西北。

彩云追月

可以由云的高度判断风的方向，这与地面的风向不同，你还可以了解到不同种类的云。

材料：镜子；纸；铅笔；圆规；胶带；下页中云的类型示意图；松散棉花——任选；深蓝或黑纸；胶水。

步骤：

1.在一张纸片上剪一个圆圈，在主要的方向上做出标记（如东西南北），将此纸片粘在镜子上而使镜面填满剪去的那个空间。

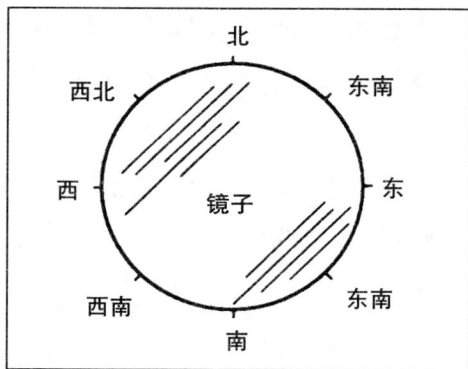

```
                北
       西北           东南


    西                      东
              镜子


       西南           东南
                南
```

2.把圆圈放在水平地面上，使它的N指向北，观察镜面，顺着云走的方向，跟着它一直穿过镜面的边缘。这样，以云开始的方向到消失的方向可以看出云移动的方向。举个例子：如果云向东运动，则其从西边来，在高空中云移动的方向与低空中的云一样吗？（可使用一个风向标去测量地面的风向）为什么风的方向可能与之不一样？为什么高空中云的移动对天气预报十分重要？

3.对照下页中云的图示去分辨空中云的种类，看看云都像什么？属于什么种类，它们的名字差不多吗？它们将带来什么样的天气？空中有不同种类的云吗？你可以看见多少云呢（不是种类）？观察一朵云，看看它是怎么移动和改变的，在你脑海里想象一下天空，闭上眼睛，过会儿睁眼，看看天空是怎样变化的。

4.扩展活动：用胶水和棉花做一个天空的图案，尽量多做不同种类的云，注意一下使各种云不同的原因（如厚度，构成等），有些云需要大量的棉花，有的则只要几缕就够了。

话题：天气情况　大气　分类

高空中的风使云运动并带来天气变化，因此，这些风的方向就显得十分重要。高空风向与近地面风向不一定相同。地面的风变化很快，且比较小，因为有山，树木及建筑物和其他障碍的阻挡，在高空，风可能有一定的方向和一定的速度，刚才的镜子已显示了方向，而高空气球可以测定高空的风向。

云可以由其形状或高度来区分不同种类，两种基本类型是层云和堆积云，有时雨云也被包括在基本类型里，某些前辍可用在单词前来给云的区分做一个更精确的描述，如卷云，指的是高空云，指在6千米以上高空，云中包括一些水冰晶。在中等高度，2—6千米，云叫次高层云。再往下就是层云、堆积云了。在10千米以上的高空，云十分少见，如果在天空中有不同种类的云，那些移动较快的往往是在低处。

教你一招

云的成因

人们对云并不陌生，晴朗天空里那白白的，和阴雨天那乌黑的都称作云。它们让天空变化莫测。人们常常看到天空有时碧空无云，有时白云朵朵，有时又是乌云密布。为什么天上有时有云，有时又没有云呢？云究竟是怎样形成的呢？它又是由有什么组成的？漂浮在天空中的云彩是由许多细小的水滴或冰晶组成的，有的是由小水滴或小冰晶混合在一起组成的。有时也包含一些较大的雨滴及冰、雪粒，云的底部不接触地面，并有一定厚度。

云的形成主要是由水汽凝结造成的。

从地面向上十几千米这层大气中，越靠近地面，温度越高，空气也越稠密；越往高空，温度越低，空气也越稀薄。

另一方面，江河湖海的水面，以及土壤和动、植物的水分，随时蒸发到空中变成水汽。水汽进入大气后，成云致雨，或凝聚为霜露，然后又返回地面，渗入土壤或流入江河湖海。以后又再蒸发（汽化），再凝结（凝华）下降。周而复始，循环不已。

水汽从蒸发表面进入低层大气后，这里的温度高，所容纳的水汽较多，如果这些湿热的空气被抬升，温度就会逐渐降低，到了一定高度，空气中的水汽就会达到饱和。如果空气继续被抬升，就会有多余的水汽析出。如果那里的温度高于0°C，则多余的水汽就凝结成小水滴；如果温度低于0°C，则多余的水汽就凝化为小冰晶。在这些小水滴和小冰晶逐渐增多并达到人眼能辨认的程度时，就是云了。云的形成过程是空气中的水汽经由各种原因达到饱和或过饱和状态而发生凝结的过程。使空气中水汽达到饱和是形成云的一个必要条件，其主要方式有：

（1）水汽含量不变，空气降温冷却；

（2）温度不变，增加水汽含量；

（3）既增加水汽含量，又降低温度。

但对云的形成来说，降温过程是最主要的过程。而降温冷却过程中又以上升运动而引起的降温冷却作用最为普遍。

云形成的分类

云形成于当潮湿空气上升并遇冷时的区域。这可能发生在：

锋面云——锋面上暖气团抬升成云时；

地形云——当空气沿着正地形上升时；

平流云——当气团经过一个较冷的下垫面时（例如：一个冷的水体）；

对流云——因为空气对流运动而产生的云时；

气旋云——因为气旋中心气流上升而产生的云时。

云的形态分类

简单来说，云主要有三种形态：一大团的积云、一大片的层云和纤维状的卷云。

而科学上云的分类最早是由法国博物学家尚·拉马克（Jean Lamarck）于1801年提出的。1929年，国际气象组织以英国科学家路克·何华特（LukeHoward）于1803年制定的分类法为基础，按云的形状、组成、形成原因等把云分为十大云属。而这十大云属则可按其云底高度把它们划入三个云族：高云族、中云族、低云族。另一种分法则将积云与积雨云从低云族中分出，称为直展云族。这里使用的云底高度仅适用于中纬度地区。（除英美等国外，世气组织与各国一般采用国际单位制。）

高云族：

高云形成于6000米以上高空，对流层较冷的部分，分三属，都是卷云类的。在这高度的水都会凝固结晶，所以这族的云都是由冰晶体所组成的。高云一般呈纤维状，薄薄的并多数会透明。

卷云：云体具有纤维状结构，色白无影且有光泽，日出前及日落后带黄色或红色，云层较厚，时为灰白色。卷云又分成4类：毛卷云——云丝分散，纤维结构明晰，状如乱丝、羽毛、尾等；密卷云——云丝密集、聚合成片；钩卷云——云丝平行排列，顶端有小钩或小匝，类似逗号；伪卷云——已脱离母体之积雨云顶部冰晶部分，云体大而浓密，经常呈铁砧状。

卷层云（Cs，Cirrostratus）：云体均匀成层、透明或乳白色，透过云层日、月轮廓清晰可见，地物有影，常有晕。卷层云又可分成2类：均卷层云——云幕薄而均匀，看不出明显的结构；毛卷层云——

云幕的厚度不均匀，丝状纤维组织明显。

卷积云（Cc，Cirrocumulus）：云块很小，呈白色细鳞、片状，常成行或成群，排列整齐，似微风吹过水面所引起的小波纹。卷积云只有1类。

中云族：

中云于2500—6000米的高空形成。它们是由过度冷冻的小水点组成。

高层云（As，Altostratus）：云体均匀成层，呈灰白色或灰色，布满全天。高层云又可分成2类：

透光高层云：云层较薄，厚度均匀，呈灰白色，日、月被掩轮廓模糊，似隔一层毛玻璃。

蔽光高层云：云层较厚，足灰色，底部可见明暗相间的条纹结构，日、月被掩，不见其轮廓。

高积云（Ac，Altocumulus）：云块较小，轮廓分明。薄云块呈白色，能见日、月轮廓；厚云块呈灰暗色，日、月轮廓不辨。呈扁圆形、瓦块状、鱼鳞或水波状的密集云条。成群、成行、成波状沿一个或两个方向整齐排列。高积云又可分成6类：

透光高积云：云块较薄，个体分离、排列整齐，云缝处可见蓝天；即使无缝隙，云层薄的部分，也比较明亮。

蔽光高积云：云块较厚，排列密集，云块间无缝隙，日、月位置不辨。

荚状高积云：云块呈白色，中间厚，边缘薄，轮廓分明，孤立分散，形如豆荚或呈柠檬状。

堡状高积云：云块底部平坦，顶部突起成若干小云塔，类似远望的城堡。

絮状高积云：云块边缘破碎，很像破碎的棉絮团。

积云性高积云：云块大小不一，呈灰白色，外形略有积云特性，由衰退的浓积云或积雨云扩展而成。

低云族：

包括层积云、层云、雨层云、积云、积雨云五属（类），其中层积云、层云、雨层云由水滴组成，云底高度通常在2500米以下。大部分低云都可能下雨，雨层云还常有连续性雨、雪。而积云、积雨云由水滴、过冷水滴、冰晶混合组成，云底高度一般也常在2500米以下，但云顶很高。积雨云多下雷阵雨，有时伴有狂风、冰雹。

层积云（Sc，Stratocumulus）：云块一般较大，其薄厚或形状有很大差异，常呈灰白色或灰色，结构较松散。薄云块可辨出日、月位置；厚云块则较阴暗。有时零星散布，大多成群、成行、成波状沿一个或两个方向整齐排列。层积云又可分成5类：

透光层积云：云块较薄，呈灰白色，排列整齐，缝隙处可以看见蓝天，即使无缝隙，云块边缘也较明亮。

蔽光层积云：云块较厚；显暗灰色，云块间无缝隙，常密集成层，布满全天，底部有明显的波状起伏。

积云性层积云：云块大小不一，呈灰白或暗灰色条状，顶部有积云特征，由衰退的积云或积雨云展平而成。

荚状层积云：云体扁平，常由傍晚地面四散的受热空气上升而直接形成。

堡状层积云：云块顶部突起，云底连在一条水平线上，类似远处城堡。

层云（St，Stratus）：云体均匀成层，呈灰色，似雾，但不与地接，常笼罩山腰。层云又可分成两类：

层云：云体均匀成层，呈灰色，似雾，但不与地接，常笼罩山腰。

碎层云：由层云分裂或浓雾抬升而形成的支离破碎的层云小片。

雨层云（Ns，Nimbostratus）云体均匀成层，布满全天，完全遮蔽日、月，呈暗灰色，云底常伴有碎雨云，降连续性雨雪。雨层云又可分成2类：

雨层云：云体均匀成层，布满全天，完全遮蔽日、月，呈暗灰色，云底常伴有碎雨云，降连续性雨雪。

碎雨云：云体低而破碎，形状多变，呈灰色或暗灰色，常出现在雨层云、积雨云及蔽光高层云下，系降水物蒸发，空气湿度增大凝结而形成。

直展云族：

直展云有非常强的上升气流，所以它们可以一直从底部长到更高处。带有大量降雨和雷暴的积雨云就可以从接近地面的高度开始，然后一直发展到七万五千尺的高空。在积雨云的底部，当下降中较冷的空气与上升中较暖的空气相遇就会形成像一个个小袋的乳状云。薄薄的幞状云则会在积雨云膨胀时于其顶部形成。

积云（Cu，Cumulus）：个体明显，底部较平，顶部凸起，云块之间多不相连，云体受光部分洁白光亮，云底较暗。积云又可分成3类：

①淡积云：个体不大，轮廓清晰，底部平坦，顶部呈圆弧形凸

起，状如馒头，其厚度小于水平宽度。

②浓积云：个体高大，轮廓清晰，底部平而暗，顶部圆弧状重叠，似花椰菜，其厚度超过水平宽度。

③碎积云：个体小，轮廓不完整，形状多变，多为白色碎块，系破碎或初生积云。

积雨云（Cb，Cumulonimbus）：云浓而厚，云体庞大如高耸的山岳，顶部开始冻结，轮廓模糊，有纤维结构，底部十分阴暗，常有雨幡及碎雨云。积雨云又可分成2类：

①秃积雨云：云顶开始冻结，圆弧形重叠，轮廓模糊，但尚未向外展。

②鬃积雨云：云顶有白色丝状纤维结构，并扩展成为马鬃状或铁砧状，云底阴暗混乱。

感知冷暖的温度

空气湿度计——是一种由一个干水银球温度计和一个湿水银球温度计组成的工具——它能比湿度计更准确地测量相对湿度。

材料：两个温度计；两根松紧带；棉质鞋带或纱质绷带；一个准备用来装置温度计的盒子或容器；一个较小的容器；水；一只罐子——任选；水；炉子。

步骤：

1.如果你是用鞋带操作，那么需要将鞋带煮一下以除去其中的化学物质。（这项工作需要在成人的监督下认真做）

2.将鞋带或纱条的一端缠在温度计的水银球上，这就是湿水银球温度计。

3.依照图示将湿水银球温度计装在空气湿度计架上，将鞋带或纱条未缠起的一端穿入架子，将其终端浸入一个装满水的容器，你需要定时检查容器以保证其中水是满的，并且鞋带

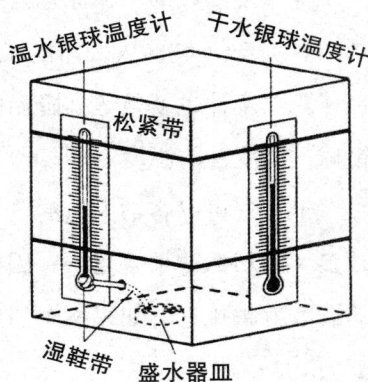

145

或纱条浸在水中。

4.将另一个温度计，干水银球温度计与湿水银球温度计并排装置。

5.将空气湿度计放置于阴凉无风处，通常两个温度计之间的温度差越小，空气的湿度就越大，在读取湿水银球温度计的数据之前，先将温度计风凉大约1分钟以充分冷却。

6.根据下一页的图表精确地从空气湿度计上读取数据。例如，假设干水银球温度计的温度（空气的标准温度）为20℃，从20℃的刻度假想有一条垂直向上的线，这条线就会与代表着大约湿水银球温度计温度的曲线相交。假设湿水银球温度计温度为5℃，假想有一条水平线延伸到图表另一个轴，在上面的例子中相对湿度大约有40％。

7.把你的相对湿度数据与官方数据做比较。

话题：天气状况　空气　测量

空气湿度计的工作原理与汗液挥发可以有效地降低体表温度是相同的。当汗（水）从人体皮肤蒸发时，人的皮肤就凉了下来。"湿水银球"温度计也就是这样降温的，鞋带或纱条中的水的蒸发使"湿水银球"温度计的温度下降。

干空气可以容纳大量的蒸发。因此，冷却程度越深，空气中湿气越多，冷却的效果就越差；因此，温水银球温度计与干水银球温度计的读数就越接近。如果两个温度计显示的湿度完全相同，那么相对湿度为100％。

教你一招

地球上极端温度的奇异现象

非金属材料在低温下也能表现出磁性，这种磁体适用于制造新型计算机存储设备，绝缘设备等。但这类材料在温度超过一定限度时就会失去磁性。目前，临界温度最高的非金属磁体在-230℃左右，即使施加高压也仅能提高到-208℃。

低温世界就像魔术师，各种物质出现奇妙变化。空气在-190℃时会变成浅蓝色液体，如果把鸡蛋放进去，它会产生浅蓝色的荧光，摔在地上会像皮球一样弹起来；鲜艳的花朵放进去，会变成玻璃一样光闪闪，轻轻的一敲发出"叮当"响，重敲竟破碎了，从鱼缸捞出一条金鱼头朝下放进液体中，金鱼再取出来就变得硬邦邦，晶莹透明，仿佛水晶玻璃制成的"工艺品"，再将这"玻璃金鱼"放回鱼缸的水中，奇怪的是金鱼竟然复活了，又摆动着轻纱一般的尾巴游了起来。

-170℃：生命存活的低温极限这样的温度已有最简单的微生物能够生存了。观察表明，大肠杆菌、伤寒杆菌和化脓性葡萄球菌均能在-170℃下生存。

-140℃：液氮低温加工橡胶品

橡胶制品是很难降解的高分子弹性材料，将它粉碎到具有广泛用途的精细胶粉十分困难。目前，国际上利用废轮胎工业化生产精细胶粉的方法主要采用液氮低温冷冻法，即将橡胶在-130℃到-140℃的温度下冷冻成玻璃化状态再加以粉碎，就能轻易获得优良的精细胶粉。

-130℃：地球最低气温

地球上最低气温出现在南极最高峰——文森峰，这里年平均气温-129℃，夏日平均气温-117.7℃。而地球上第一高峰珠穆朗玛峰夏日平均气温也有-45℃，南极地区的冷烈可见一斑。

-110℃：酒精温度计

温度计中红色的液体是酒精，酒精在-117℃才会凝结。因而在地球上温度最低的南极洲，酒精温度计也能用。当然温度低于-117℃时，酒精温度计也派不上用场了。

-100℃：最冷的压缩机

一个国外电脑玩家使用了超过4个压缩机，自制了一套可以降温到-100℃的压缩机系统，来给CPU处理器降温！

-90℃：地球陆地最低温

在南极的内陆，人们已经测到-88.3℃的低温。

-80℃：SARS病毒仍可存活

SARS病毒的一个显著特点是怕热不怕冷，即使是在-80℃它还能至少生存4天，甚至多达21天，而在56℃下SARS病毒的生存时间不超过90分钟。

-70℃：北极最低气温

北极地区年平均气温北极地区年平均气温在-15℃～-20℃之间，比南极年平均气温高25℃，冬季时（1月）极夜期为180天，最低气温在-70℃。低温可预防某些疾病，生活在北极的爱斯基摩人是靠吃海豹肉和海豹油为主，当地人很少有心脏病、心血管、高血压、关节炎等疾病。

-50.7℃：中国最冷气温

在中国有过低于-50℃的地区记录不多。中国内蒙古自治区大兴安岭的矣渡河在1922年1月16日曾观测到-50.1℃的温度，是新中国成立前气温记录中的最低值。

新中国成立后，新疆北部的一个气象站在1960年1月20日以-50.7℃的低温首次打破了纪录，接着1月21日又以-51.5℃再创全国新纪录。中国最北的气象站——黑龙江省漠河气象站1968年12月27日清晨测得了-50.9℃，而在1969年2月13日漠河终于诞生了中国现有气象资料中的极端最低气温记录-52.3℃。

世界上最不怕冷的花，是出产在中国的雪莲，即使-50℃，也鲜花盛开。

0℃：水的冰点

地球表面的70%是被水覆盖着的，约有14亿千立方米的水量，其中有96.5%是海水，剩下的虽是淡水，但其中一半以上是冰。所以说，地球是一个水的星球，正是这样的星球才能孕育出生命，所以"水"是生命之源。有了生命就有生机活力，世界才会更精彩。

既然水能结成冰，水也能变成气体扩散在空气中。当水在0℃时结成冰，就会失去流动性，不再是液体。所以有0℃是"水的冰点"之称。

10℃：凉爽宜人的赤道城

在南美洲的厄瓜多尔国的首都基多城里，赤道线恰好通过该城。不少人认为通过赤道的城市一定很热。但事实并非如此，这里不论春、夏、秋、冬，一年中月平均气温都在10℃左右，年平均温差只有4℃，是一个四季如春、凉爽宜人的赤道城。

20℃：双孢蘑菇菌丝生长温度

双孢蘑菇菌丝可在5℃-33℃生长，适宜生长温度20℃-25℃，最适宜生长温度22℃-24℃，高温致死温度为34℃-35℃。

30℃：蚊子适宜生存的温度

蚊子最喜欢的温度是30℃左右，太高了也受不了。秋天气候变冷温度降到10℃以下时，它们就会停止繁殖，不食不动进入冬眠，直到第二年春天激醒后又出来。

40℃：人体自身的温度极限

人属于恒温动物，一般说来不会超出35℃—42℃的范围，41℃时人体器官肝、肾、脑将发生功能障碍，连续几天42℃的高烧，足以致使成年人死命。

50-60℃：地球现最热温度

由于沙漠地区的云量少，日照强，又缺乏植被覆盖，空气湿度小，因此白天气温上升极快，大部分时间都在30℃以上，中午最热的时候，温度能上升到50℃以上。在北非曾有高达58℃的记录（1922年9月13日的利比亚）。

70℃：人类味觉最宜的温度

生理和心理学家的研究表明，人们食用食品时所获得的多种多样的味道感觉，实质上是由于味道和嗅觉协同作用的结果。一些可以热喝的饮料，如咖啡，其温度在70℃时才味美可口，热牛奶和热菜的温度在70℃左右最为好喝。有些油炸类食品，比如油炸虾，温度应保持在70℃左右，虽然吃起来还有些烫，但这时的味道最美。

100℃：水的沸点

在一个大气压下，当水开时，它的温度是100℃而且只能保持

100℃。但是，人们在海拔8000多米的珠穆朗玛峰上煮鸡蛋时开水最高只有80℃，那是因为在8000多米高的地方气压低了，所以水的沸点只有也降低了。

200℃：地下热岩发电

英国从1987年开始进行岩浆发电实验。在英国一个温度最高的热岩地带，其在6000米深处的热岩可以把水加热到200℃，然后将200℃水的热能再转为电能。

500℃：聚光式太阳灶

这种太阳灶是利用抛物面形的反射镜聚光获得较高温度，直径一般为1—2米。由于能量集中，因而热效率较高，可获得500℃的高温。这种聚光式太阳灶在中国农村的一些家庭中，用来做饭、炒菜、煮饲料、烧水。

700℃：烟头、蚊香的温度

烟头的表面温度虽然只有250℃-300℃，烟头的中心温度一般在700℃-800℃左右，蚊香的燃烧温度也达700℃。

800℃：火山熔岩温度

在火山爆发时，总会喷出大量红色的火山熔岩。刚喷出时一般是液体状态，通常温度在800℃-1200℃左右，火山熔岩在流淌的过程中，不断向大气和大地表面散热，产生大量的烟雾。所以火山熔岩在冷却时凝固都是由外向里进行的。

1000℃：钻石的形成

常言道："钻石是女士的最佳良伴"。有趣的是：钻石原来只是纯碳，而碳是仅次于氢、氦和氧的宇宙间第四种最常见的化学元素。因此，钻石的罕有并不源自其化学元素成分，而是在于它形成的方法和地点。地球上的钻石相信是在 100—300 千米深，温度接近 1000℃ 的地底形成，其后因火山爆发而带至地面。单以化学成分来看，钻石和用来制造铅笔芯的石墨，其实是近亲。如果你把钻石放入高温火炉，那么最终只会化为普通的石墨。

3000℃：玻璃碳

玻璃碳是一种类似玻璃的碳，它兼有玻璃及碳素材料的双重性能。这种物质如果在真空或非氧化性气氛下的工作温度可达 3000℃，而且耐热震性能好，可以作为熔炼高纯物质的坩埚，半导体外延炉感应加热板等，在科学上应用很广泛。

7000℃：地热能

地热能是由地壳抽取的天然热能、这种能量来自地球内部的熔岩，并以热力形式存在，是引致火山爆发及地震的能量。地球内部的温度高达 7000℃。

9000℃：水稻的积温

积温是某一时段内逐日平均气温之和。中国云南西南部、广东、福建、海南和台湾等省全年积温都是在 8000℃ 以上，而最南端的海南乐东县莺歌海至三亚沿海一带、西沙永兴岛的全年积温更达 9000℃，热量资源极为丰富，适宜水稻等喜温作物生长。这些地区的水稻生长普遍两季乃至三季。

1 亿℃：人类创造的最高温度

人类所能产生的最高温是 5.1 亿℃约比太阳的中心热 30 倍，该温度是美国新泽西的普林斯顿等离子物理实验室中的托卡马克核聚变反应堆利用氘和氚的等离子混合体于 1994 年 5 月 27 日创造出来的。

外层空间的宇宙温度

−270.15℃：宇宙微波背景辐射

宇宙微波背景辐射是"宇宙大爆炸"所遗留下的布满整个宇宙空间的热辐射，反映的是宇宙年龄在只有38万年时的状况，其值为接近绝对零度的3K。

−260℃：星际尘埃温度

在寒冷的宇宙空间，星际尘埃的温度可低达−260℃。

−250℃：低温火箭发动机

印度空间研究组织试验成功了一种低温火箭发动机，该发动机的燃料温度为−250℃。在其带动下，发动机冲压涡轮的最高速度达到4万转每分钟，标志着印度空间研究水平跨越了一个具有重要意义的里程碑。

4000℃：太阳黑子中心温度

大家都知道太阳黑子，太阳黑子出现比较多的情况下，会产生地磁暴给人们工作带来很多不方便。例如：航海的船舶迷失方向，通信信号连接不上。那么太阳黑子其实并不黑，它们中心的温度在4000℃以上。亮度仍可与上下弦时半个月亮的光相比。只不过在明亮的光球反衬下就显得很黑。

5000℃：日珥基本温度

日珥主要突出日两边缘的一种太阳活动现象。它们比太阳圆面暗弱得多，在一般情况下被日晕淹没，不能直接看到，只有在日全食时通过望远镜才能看到。日珥的温度在5000−8000℃之间，一般可以扩散到几十万千米、形状千奇百怪。有的日珥能长期存在。奇怪的是日珥和日冕的温度、密度相差800倍，何以能长期共存，科学家们正在研究。

1000000℃：日冕温度

太阳日冕的温度高达100万℃。俄罗斯科学院圣彼堡技术物理大学成功地研制出一种温度计，可以快速测量热核反应堆中等离子体温度。科研人员在该温度计中使用了特殊结构的激光光源，从而在瞬间就能测量出温度高达1000000℃的等离子体的温度。

星体温度

-160℃：水星夜间温度离太阳最近的水星，它和太阳的平均距离为5790万千米，是太阳最近的行星。它表面温差最大，因为没有大气的调节，向阳面的温度最高时可达430℃，但背阳面的夜间温度可降至-160℃，昼夜温度差近600℃，这可是一个处于火和冰间的世界。温度变化如此巨大，水星上是不可能有生命的。

-120℃：金星最低温度

金星日夜温差最大，金星白天温度可达480℃；夜晚最低温度可达—120℃，因此，日夜温差可达600度左右。

-60℃：火星的温度

在远离地球的火星上，平均温度是-60℃。

-150℃：木星表面温度

木星是太阳系中的第五个行星，木星为太阳系最大的行星，其内部可以放入1300个地球，密度较低，其重量仅为地球的317倍。木星的成分绝大部分是氢和氦。木星离太阳较远，表面温度达-150℃；木星内部散放出来的热是它从太阳接受热的两倍以上。

-240℃：冥王星最低温度

从冥王星上看太阳，太阳只是一个闪亮的光点，它从太阳上所接受到的光和热，只有地球从太阳得到的几万分之一，因此，冥王星上是一个十分阴冷黑暗世界。最高温度是-210℃，最低温度是-240℃。除冥王星以外海王星也可达到-240℃。

科学家1898年在实验室第一次得到了-240℃的低温，这时，氢气变成了液氢。

-220℃：天王星温度

天王星自转一次的"天王星日"约为17小时14分，因为有快速的自转而和木星一样地呈现东西向的明显条纹。因为距离太阳遥远，天王星大气层云上端温度约在-220℃，表面显淡蓝色。

-210℃：鲸鱼座的尘埃盘

鲸鱼座是除了太阳以外离地球最近的类太阳恒星，距离太阳仅约12光年，亮度约3.5等，以肉眼就可以看到。它周遭有尘埃与彗星组成的尘埃盘，这个尘埃盘的直径比太阳系稍大一些，温度仅-210℃左右，可能是因为小行星和彗星彼此碰撞的碎片所形成。

-200℃：土卫六星表面温度

到目前为止，人类尚未发现有任何地外生命存活的迹象。但卡西尼号正在探索的土卫六可能是一个生命起源的实验室。

由于表面温度为-200℃，土卫六不是一个能产生生命的地方，但是它的浓密的大气层中含有许多碳氢化合物。它们通过太阳的紫外光可产生化学反应。光化学反应能产生有机分子，这些碳基化合物是产生生命的第一步。但是土卫六太冷了，以至于无法迈出下一步。它就像是一个深度冻结了的地球。在50亿年后，它将会得到产生生命所需要的热量，因为那时太阳将膨胀成一个熊熊发光的红巨星。只是那时由于太阳已进入生命的暮年，生命大约已经来不及产生了。

8000℃：牛郎星表面温度

在中国古代传说当中的牛郎星，在夜里人们观看到时它像一块宝石一样闪闪发亮。其实它的表面温度比太阳表面还要高2000℃，也就是8000℃。

10000℃：织女星温度

在夜里人们能观看到和牛郎星相伴的织女星，其温度有10000℃。

100000℃：星云温度

在星际当中物质分布是不均匀的，有的地方云气体和尘埃比较密集，形成各种各样的云雾天体。这些云雾状的天体就叫星云。环状星云是一颗很有名的行星状星云，它的中心星是一个接近演化终点的白矮星，温度有100000℃，密度也非常高。

6000℃：太阳表面温度

太阳的表面温度达到6000℃。太阳大气中有90多种化学元素，其氢的含量最多，约占太阳质量的71%，氦约占27%，其他元素约占2%，包括钠、钙、铁、氧等。正因为这些化学元素每天都在制造核爆炸，放出大量的光和热，给人们生活带来生机。但太阳的能量是有限的，终有一天能量用完后，太阳也就消失了。

一个质量为月球质量的1/1000的微型黑洞，温度约为6000℃，与太阳表面温度相当。

1000万℃ 中子星表面

质量和太阳相当的中子星，表面温度约为1000万℃。核聚变的发生必须具备1000万℃以上甚至几亿℃的高温。

绝对温度

绝对温标——建立在卡诺循环基础上的理想而科学的温标，将水的冰点（0℃）取为273.15 K（K称开尔文，绝对温标的单位），绝对温标的分度与摄氏温标相同。

绝对零度——即绝对温标的开始，是温度的最低极限，相当于-273.15℃，当达到这一温度时所有的原子和分子热运动都将停止。热力学第三定律指出，绝对零度不可能通过有限的降温过程达到，所以说绝对零度是一个只能逼近而不能达到的最低温度。

人类在1926年得到了0.71°K的低温，1933年得到了0.27°K的低温，1957年创造了0.00002°K的超低温记录。目前，利用原子核的绝热去磁方法，人们已经得到了距绝对零度只差三千万分之一度的低温，但仍不可能得到绝对零度。

如果真的有绝对零度，那么能不能检测到呢？有没有一种测量温度的仪器可以测到绝对零度而不会干扰受测的系统（受测的系统如果受到干扰原子就会运动，从而就不是绝对零度了）？确实，绝对零度无法测量，是依靠理论计算定义的。研究发现，当温度降低时，分子的平动就会变慢，那么根据实验数据外推得出，当降到某一温度时，分子的平动能为零，于是就给出了绝对零度的定义。

虽然说温度存在着理论下限——绝对零度，但是这并不意味着物质在绝对零度的温度状态下一切运动都停止了。从统计热力学的角度看，物质的微观运动大体上可以分为分子平动、分子转动、分子振动、电子运动和核运动等几类。在绝对零度下，描述分子整体平移的分子平动、描述分子绕质心旋转的分子转动确实已经消失，但是分子振动、电子运动和核运动存在最低量子态，是不能被温度冻结的，所以说，客观世界的静止是相对的，运动是绝对的。

绝对最高温度——粒子的能量是通过运动来表现的，绝对零度的意义，就是物体内所有原子都静止，不再有任何热运动。

那么，粒子运动速度越快能量越高，宏观物质的温度也越高，粒子本身是没有温度的只能通过能量来表现其温度，所以，在一定压力下，每个粒子的运动速度都接近光速，能量也趋于无限大那就是温度的极限，也就是绝对的最高温度。

你所不知的露点

露点是指空气中无法容纳更多（看不到的）水汽的某一温度。你可以用一个罐子和一些冰水来测量露点。

材料：罐子；温度计；匙；冰；容器里的水；纸；铅笔。

步骤：

1.把容器里的水在室温下放置几个小时。

2.用温度计测量空气的温度（在没有阳光的地方测量）。

3.在一个罐子中几乎倒满放置后的水，把温度计放在水中，靠紧罐子的内壁，测出罐子的温度。

4.在水中放入少许冰（注：在炎热的天气里，可以用凉自来水代替冰），然后搅拌冰水混合物。

5.当罐子的外壁上刚出现湿润的迹象时，温度计所指示的值就是露点。随着罐子逐渐变凉，罐子的外壁上会凝聚更多的水珠，这是因为罐子周围的一层空气被冷却到了饱和点。

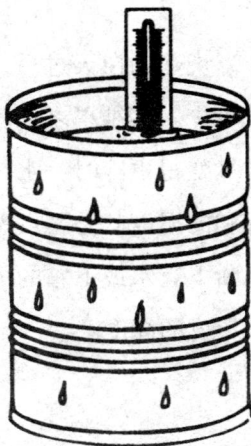

6.如果空气的温度接近露点，很有可能会出现露珠或雾气。如果空气温度与露点差距较大，空气会十分干燥，温度较低。

7.扩展活动：可以利用下页的图表，用空气温度和露点来计算相对湿度。把用这种办法算出来的相对湿度值与用湿度计（见前页）测出来的值比较一下。

8.扩展活动：一团空气离开地面（由于地面比它周围的空气热）并升起后，就形成了积云。随着空气的升高，它会逐渐变冷。相对湿度随着不断增大，最终达到露点。水蒸气开始凝结，于是形成了云。可以用下面的公式计算积云开始形成（云的底部）的高度：

H ＝（T － DP）×120

H是以米为单位的高度，T是以℃为单位的气温，DP是露点的温度。

话题：天气状况　空气　测量

炎热的白天过后，空气会在夜间逐渐变冷，它所能容纳的水汽也就越少。其结果之一就是有水珠凝结在草叶的边缘，形成了露珠。当空气变得更冷时，水汽会与空气中的尘埃结合，形成雾。空气中水汽饱和的温度就是露点温度。在此温度，湿度为百分之百。可以用露点判断下露水或下霜的可能性，计算相对湿度，甚至可以判断云在大气中形成的高度。

教你一招

露　点

露点温度Tdp是指当气体被等压冷却时，露点或其他状态的冷凝物形成时的温度。一般将0℃以上称为"露点"，将0℃以下称为"霜点"。

露点本是个温度值，可为什么用它来表示湿度呢？这是因为，当空气中水汽已达到饱和时，气温与露点相同，当水汽未达到饱和时，气温一定高于露点温度。所以露点与气温的差值可以表示空气中的水汽距离饱和的程度。在100%的相对湿度时，周围环境的温度就是露点。露点越小于周围环境的温度，结露的可能性就越小，也就意味着空气越干燥，露点不受温度影响，但受压力影响。

湿球温度的定义是在定压绝热的情况下，空气与水直接接触，达到稳定热湿平衡时的绝热饱和温度。如果外部空气的温度低于诸如船舱或集装箱这种封闭空间的内部温度，则船舶或集装箱内部的金属表面形成水分。另一方面，如果外部空气的温度高于船舶或集装箱内部温度，则水分直接在货物表面形成。在某些情况下，有必要给船舱通风以改变露点来避免冷凝发生。当温度急剧下降到露点以下，空气中的水分迅速凝结为小水珠，就形成了雾。

好雨知时节

天气暖时，用收集和测量的容器测量某个时期内的降雨量；天气冷时，用一把尺去测量降雪量。

材料： 一个广口容器（例如：不封口的金属罐）；一个清洁的、直且长的容器（例如：长的饮水杯、橄榄罐）；尺；标签；胶带或水彩（注：广口容器和窄口容器的口径应有较大差别）。

步骤：

1. 收集雨水：用广口容器作为收集雨水的容器，把容器置于户外离开树、建筑物、栅栏及其他障碍物的地方，以便收集活动不被干扰。你可以将容器部分埋入土中以保持其稳定和竖直，但容器口距地面应有一定高度以防止地面的雨水溅入容器（如果溅入地面雨水会导致错误读数）。

2. 测量容器：用一个校准刻度的窄口容器作为测量工具。首先将水倒入广口容器至1厘米深（用刻度尺测量深度）。然后，将这些水倒入窄口容量并标出水位、这就是1厘米深的雨水的水位。再将标出的水位与窄口容器底之间分成10等份，其中每1份标志着1毫米的雨水，然后再测量容器底和1厘米雨水量的标志间的距离，以同样长度，以已标出的1厘米标志为起点，向上再做一个标志（2厘米雨水量）再将其10等份，继续重复这个程序，直至标到窄口容器的口部。这可以使你轻而易举地以毫米为单位读取数据。降雨后，将雨水从收集容器倒入测量容器。一天的降雨量是多少？一周的降雨量是多少？你可以将你的降雨量数据与官方数据做一下比较。

3.测量降雪量：你可以用收集雨水的容器来收集雪（洒些水在你放容器的地方，这样容器会被冻在那儿）。降雪后，将尺插入容器，以毫米为单位测量雪的高度；确保雪面是水平的，并且你是竖直将尺子插入雪中，你可以直接插入降到地面的雪中。取若干次测量数据（以克服由于吹积造成的雪面不平问题）求平均数（即将数据加总和后除以数据个数）。当新雪落在原有的雪上时，在雪上挖个洞直到你看到新下的雪和原有积雪的分界线为止。每天的降雪量是多少？一周的降雪量是多少？对比整个季节每次降雪的量。10厘米降雪与1厘米的降雨近似等量的。当10厘米的雪融化时能成为1厘米的水吗？如果不能，为什么（例如：与雪的密度有关）？

话题：天气状况　大气　雪　测量

"降水"是指以雨、雪、霰、雹的形式从云层中下落的水汽。

雨滴按大小可分成1毫米至8毫米，雨滴刚形成时很大，但在下降过程中分裂成小雨滴。这些小雨滴在下降过程中会与其他小雨粒碰撞，体积再次变大。雨滴的形状并不像泪珠的形状；事实上，它们的形状像小型汉堡。它们刚形成时是圆的，但在落到地面的过程中，空气阻力使它们变扁了。

寒冷的天气正是下雪的时候，大量的降雪与暖湿的空气有关（空气越暖，其所含水汽越多），而且潮湿的空气会使雪片很大。当空气变冷，雪片也就逐渐变小。但是无论空气有多么寒冷，它都含有少量水汽。这些水汽以雪晶的形式下落。

教你一招

雨的成因

雨是从云中降落的水滴，陆地和海洋表面的水蒸发变成水蒸气，水蒸气上升到一定高度后遇冷变成小水滴，这些小水滴组成了云，它们在云里互相碰撞，合并成大水滴，当它大到空气托不住的时候，就从云中落了下来，形成了雨。雨的成因多种多样，它的表现形态也各具特色，有毛毛细雨，有连绵不断的阴雨，还有倾盆而下的阵雨。雨水是人类生活中最重要的淡水资源，植物也要靠雨露的滋润而茁壮成长。但暴雨造成的洪水也会给人类带来巨大的灾难。

地球上的水受到太阳光的照射后，就变成水蒸气被蒸发到空气中去了。水汽在高空遇到冷空气便凝聚成小水滴。这些小水滴都很小，直径只有0.01-0.02毫米，最大也只有0.2毫米。它们又小又轻，被空气中的上升气流托在空中。就是这些小水滴在空中聚成了云。这些小水滴要变成雨滴降到地面，它的体积大约要增大100多万倍。这些小水滴是怎样使自己的体积增长到100多万倍的呢？它主要依靠两个手段，其一是凝结和凝华增大，其二是依靠云滴的碰撞增大。在雨滴形成的初期，云滴主要依靠不断吸收云体四周的水气来使自己凝结和凝华。如果云体内的水气能源源不断得到供应和补充，使云滴表面经常处于过饱和状态，那么，这种凝结过程将会继续下去，使云滴不断增大，成为雨滴。但有时云内的水气含量有限，在同一块云里，水气往往供不应求，这样就不可能使每个云滴都增大为较大的雨滴，有些较小的云滴只好归并到较大的云滴中去。如果云内出现水滴和冰晶共存的情况，那么，这种凝结和凝华增大过程将大大加快。当云中的云滴增大到一定程度时，由于大云滴的体积和重量不断增加，它们在下降过程中不仅能赶上那些速度较慢的小云滴，而且还会"吞并"更多的小云滴而使自己壮大起来。当大云滴越长越大，最后大到空气再也托不住它时，便从云中直落到地面，成为我们常见的雨水。

雨的分类

雨的种类很多，除了酸雨，有颜色的雨外，还有许多有趣的雨，比如蛙雨，铁雨，金雨，甚至钱雨。它们都是龙卷风的杰作。雨的分类首先要看以什么为标准进行划分的：

1.按照降水的成因分：有对流雨、锋面雨、地形雨、台风雨（气旋雨）；

2.按照降水量的大小：小雨、中雨、大雨、暴雨；

3.按照降水的形式：降雪、降雨、冰雹……

雨量等级划分标准是：日降水量在0-10毫米之间为小雨；在10-25毫米之间为中雨；在25-50毫米之间为大雨；在50-100毫米之间为暴雨；100-200毫米之间为大暴雨、大于200毫米的为特大暴雨。

预知天气

用在上面提到过的部分或全部器具和你的观察技巧来做天气记录，并且准备预报。

材料： 前一页所提到的材料，一部分或全部。

步骤：

1.你并不需要工具箱来做预报，但工具箱可以存放工具。下图即为工具箱的概图。工具箱需要被涂成白色以反射阳光，并在箱上打一些孔以保持空气流通。

2.将工具箱置于开阔平整的草地上。将箱子的敞开面对向北方，以防止阳光直射温度计，你可以将工具和记录纸（雨／雪收集器、探

测风向的工具除外）放入箱内。探测风向的工具可以放在箱的顶部。用木头或塑料做工具以使其经久耐用；书中有一些图表和列出的天气符号，复印这些图表和符号，用塑料膜封好附于工具箱上。

3.将每天的天气信息记到"天气状况记录单"上。

4.根据后几页上所给出的信息来做天气预报。天气预报通常是以12小时为有效期。有时，不同的仪器所显示的天气状况的结果会有些相抵触，这时就要根据你的直觉和经验来解决矛盾。

5.扩展活动：为了帮助你判断天气变化的动向，可以把数据绘成图表。制一张巨幅的天气状况历表，对于掌握一般的天气状况是很有帮助的。每天绘制一张图，把当天的天气状况标示出来（例如：画一个太阳代表晴天）。在每个月末，把这张图以天为单位割开并把天气相近的图粘成一组，这样就制成了条状图表。

话题：天气状况　测量

天气对于人类活动有重要的指导作用。既然人类不能控制天气的变化，那么我们唯一的选择就是根据天气来安排我们的活动日程。但是，不幸的是，没有哪个天气预报可以做到尽善尽美——还有许多事情连气象专家也不了解。以下活动可以使你对预报工作有所了解：前文提到了对工具箱的描述，工具箱是做预报工作极其重要的环节；本书也提供了天气状况记录单，可供你保存每天的天气状况以及检查在一段时期内天气变化的日志。

你不需要用特殊仪器来测定能见度。在大约距你以下各距离内选定明显的参照物：0.5，1.0，1.5，5，10，15，20千米。尽量选择轮廓清晰的参照物。例如：树，旗杆，塔尖或高大的建筑物。在给定的时间内通过观察最远可见的参照物来测定能见度。例如：如果你能看见5千米处的参照物却看不到10千米处的参照物，那么将能见度记为5千米。分别在早晨和下午进行能见度观测。通常要注意到能见度降低的原因（例如：雾、雪）。

教你一招

预计天气变化的大概规律

（可能随地理位置不同而不同）以下情况预示着天气将转为阴天或不稳定天气：

气温急剧上升，夜间气温比平时要高。

气压稳步下降。

风向转为南风或东风。

云在不同高度向不同方向移动。

云增厚且更加阴暗。

在一到两天的西风或北风过后，风速在傍晚下降；傍晚时，天空较晴朗并有羽状卷云。

较大的环状物围绕着太阳或月亮，直至不断增厚的云层将其掩盖。

会有一股潮湿气流从南而至，有可能降雾。

类似于冷锋或暖锋到来的征兆。

以下情况的出现预示着将出现持续降雨天气：

风向由南转为东南方向并且气压下降。如果气压下降缓慢，那么在一天内会下雨；如果气压下降迅速，那么，在几个小时内就会下雨，并且风速增加。

如果风向由东南转为东北且气压下降，那么，几个小时内会下雨。

以下情况的出现预示着阵雨将至：

西风吹积形成雷云。

积云在下午的早些时候迅速形成。

以下情况的出现预示着天气将转晴：

气温迅速下降，尤其在下午。

气压上升。

风向转为西风或西北风。

云层散开，天空呈现块状晴朗。

云层底面上升到一定高度。

类似于冷锋过后的征兆。

以下情况的出现预示着晴朗天气将继续：

气温正常。

气压保持稳定或上升。

有微风吹向西或西北方向。

阴天在下午3或4点后好转，傍晚时天气晴朗。

晨雾在日出后两小时内消散。

傍晚天空呈红色。

夜间有露水或霜。

以下情况预示着天气将变冷：

气压低并迅速下降，风向为东风或东北风并缓慢转为北风（气温逐渐下降）。

风向由西南风转为西风，或由西风转为西北风或北风。

西风速度在夜晚降低。

暴风雨过后，云层散开（云层在早晨散开，下午将较暖）。

类似干冷锋过后的征兆。

以下情况预示着天气将变暖：

气压下降（在夏天，气压的下降可能预示阴雨天气，这种阴天比晴天凉爽）。

风向由北风或西风转为西南风或南风。

夜晚出现阴天。

早晨的天空晴朗，有较强北风或西风的情况除外。

类似于暖风过后的征兆。